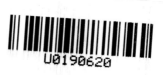

配电网自动化系统

（第2版）

许克明　熊　炜　编著

重庆大学出版社

内 容 提 要

本书以配电网自动化技术及应用、配电网的自动化管理功能的重要性及相关技术实施作为主要内容。共分7章，主要阐述了配电网的数据采集与通信系统；变电站综合自动化系统；馈电线自动化；电力电子技术在配电网中的应用；配电管理系统及需方用电管理系统。

本书可作为电力系统及其自动化专业以及电气工程类本科各专业的教材，也可作为研究生辅助教材及工程技术人员的参考用书。

图书在版编目(CIP)数据

配电网自动化系统/许克明，熊炜编著.—2版.—重庆：重庆大学出版社，2012.1(2024.7重印)

电气工程及其自动化专业本科系列教材

ISBN 978-7-5624-4147-2

Ⅰ.①配… Ⅱ.①许…②熊… Ⅲ.①配电系统：自动化系统—高等学校—教材 Ⅳ.①TM727

中国版本图书馆CIP数据核字(2011)第249112号

配电网自动化系统

(第2版)

许克明 熊 炜 编著

责任编辑：彭 宁 版式设计：朱开波

责任校对：谢 芳 责任印制：张 策

*

重庆大学出版社出版发行

出版人：陈晓阳

社址：重庆市沙坪坝区大学城西路21号

邮编：401331

电话：(023) 88617190 88617185(中小学)

传真：(023) 88617186 88617166

网址：http://www.cqup.com.cn

邮箱：fxk@cqup.com.cn (营销中心)

全国新华书店经销

POD：重庆新生代彩印技术有限公司

*

开本：787mm×1092mm 1/16 印张：8 字数：200千

2012年1月第2版 2024年7月第13次印刷

ISBN 978-7-5624-4147-2 定价：29.00元

前言

最近几年，随着我国国民经济的高速发展，配电系统的自动化技术的发展极其迅速。由于配电系统相对于输电系统的差异性，使得配电系统及其自动化相对于输电系统的自动化也有其共性与特殊性。

本教材以配电网中已相对成熟并应用的自动化技术及可以预见到的新技术应用，配电网的自动化管理功能的重要性及相关技术实施，作为教材的内容。

本书共分7章。主要阐述配电网的数据采集与通信系统；变电站综合自动化系统；馈电线自动化；电力电子技术在配电网中的应用；配电管理系统及需方用电管理系统。书末附有一定数量的复习思考题。

由于学时的限制，所涉及的内容有未能展开者，则指出其发展方向。

在编著本书过程中，参考了近年来多种有关配电网自动化的论著，在此对这些论著的作者表示感谢。

本书可作为“电力系统及其自动化”专业及电气工程类本科生的教材，也可作为研究生辅助教材及工程技术人员参考用书。

由于配电网及其自动化涉及的新技术较广，而作者水平有限，疏漏及错误在所难免，望专家和读者批评指正。

编　者

2007年5月

目录

第1章 绪论

随着国民经济的发展，人民物质文化生活水平的提高，对电力的需求越来越大，电网规模不断扩大，电力市场对电能质量的要求更为严格，要求电力系统应提供更为安全、可靠、经济和高质量的电能。这些需求均是传统技术与管理方式难以适应与胜任的。于是，现代意义上的配电网自动化系统应运而生。

就提高整个电力系统电力质量而言，配电网自动化只涉及面向用户的配电系统。但这是直接为国民经济各部门和人民生活所关注的，因而显出其特殊性。

长期以来，配电网自动化并未形成电力系统自动化的一个专门分学科，只因近年来，随着国民经济迅速发展，用户对电力需求的扩大，配电网自动化才成为一个专门论述的课题，而它涉及的内容也在不断变化与扩展中。

配电网自动化系统是一门综合的、多学科集合、对配电网实现实时监测、控制、协调与管理的集成系统。目前，世界上经济发达的国家与地区正大力施行、推广配电网自动化系统。我国随着城市电网、农村电网改造的趋于完成，也在迅速推行符合我国国情的配电网自动化。实践证明，配电网自动化的实施，可以提高配电网运行水平和效益、提高供电质量、降低劳动强度并能充分利用现有设备的功能，从而对用户与供电部门均带来良好的效益。

1.1 配电网及其特点

1.1.1 电力系统的划分

电力系统可划分为输电系统和配电系统。配电系统常称为配电网，它面向用户，从输电系统接受电能，再分配给各个用户。

配电网与输电系统，原则上按其功能来划分。但通常按输电系统的降压变电站中主变高压/中压侧来划分，高压侧断路器及其联系的网络属于输电系统，另一侧则为配电网。

可以简单地认为，配电网为地区级调度管理的电力网。配电网按电压等级划分，可分为三类，即高压配电网(110 kV,35 kV)、中压配电网(10 kV,6 kV)和低压配电网(0.4 kV,220 V)。这一分类并没有严格的定义。例如，较小的县级电力系统中，可能110 kV线路及相关设备是其输电系统；而许多电网中，35 kV 电网为中压配电网。

1.1.2　配电网的特点

与输电系统比较，配电网具有以下特点：

1）配电网地域比较集中。

2）电压等级低、级数多，单条馈电线传输功率和距离一般不大。

3）网络结构多样、复杂。网络接线有辐射状网、树状网及环网，环网又可分为普通环式及手拉手环式（见图 1.1）。在配电网运行中，环网均以开环形式运行。

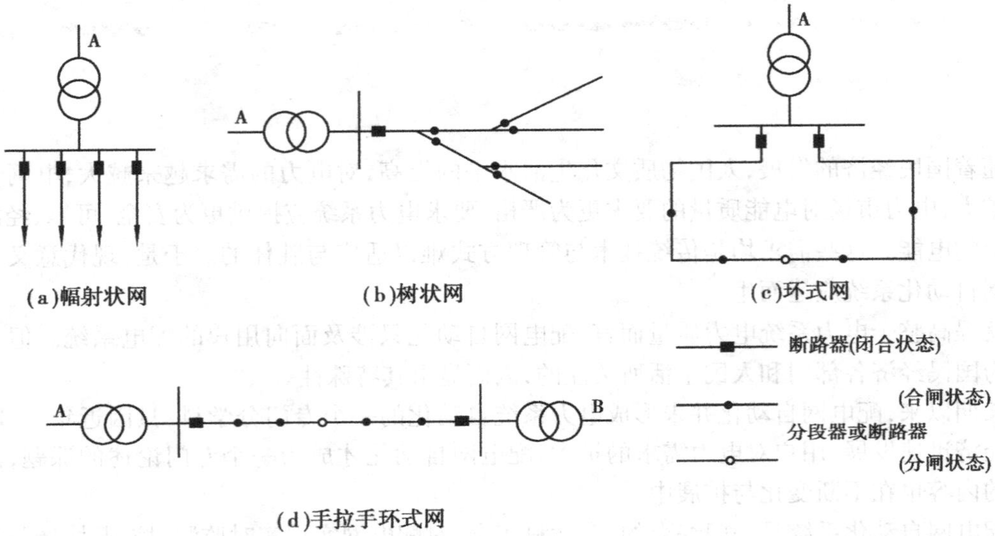

图 1.1　配电网常见网络结构

普通环式接线是指在一个变电站的供电范围内，把不同的两回同电压等级配电线路的末端或中部连接起来构成环式网络。而手拉手环式则是指在一条配电主干线上两端分接于两个不同变电站的母线上，形成环式接线，任何一端都可以供给全线负荷。不论哪种环式接线，均采取环式设计，开环运行。

具体的配电网结构可以是多种网络形式的组合，且线路稠密。网络形式主要由用户性质、数量及供电可靠性的要求决定。

4）在城市配电网中，随着现代化的进程，电缆线路将越来越多，电缆线路与架空线路的混合网络给电网运行和分析带来复杂性。

5）配电网中性点接地方式有以下两类：

①中性点有效接地系统。这包括中性点直接接地及中性点经小电阻接地两种方式。在接地性质上，两者大致一样，即接地故障电流大。适当加大中性点接地电阻，可以减少一相接地时的故障电流，但会使非故障相对地电压增大。

②中性点非有效接地系统。非有效接地又包括中性点不接地系统、中性点经消弧线圈接地和经高阻抗接地系统。此时，单相接地故障时，故障电流较小，但非故障相对地电压高。不接地系统容易发生间歇性电弧过电压。经消弧线圈接地可消除间歇性过电压，但若补偿不当，则可能会导致谐振过电压。

6)配电网内设备类型多且数量大,多种设备装于露天,工作条件恶劣。

通常,一个配电变电站的设备总量与输电系统中的大型变电站相比,数量较小;但因配电变电站的数量多,所以配电网的设备数据库规模比所连接的输电系统的设备数据库规模大。

7)配电网内运行方式多变。

8)配电网中采用的通信方式多,但通信速率往往没有输电系统要求高。

9)配电网中,即使自动化程度较高,仍需要人工操作;而输电系统内,大多数设备为自动控制。

10)配电网中有大量电力、电子等非线性负荷,故将产生不容忽视的谐波。谐波必须抑制。

上述配电网中数据容量庞大、网络结构复杂的特点,以及网络运行方式的多变和面对用户,要求处理问题及时。这些因素直接影响到配电网自动化系统的结构设计及实施与管理方式。

1.2 配电网自动化的概念

1.2.1 配电网自动化系统的含义

配电网自动化系统(Distribution Automation System—DAS)是一个涵盖面很广,用于管理与运行配电网的综合自动化系统,包含了配电网中的变电站,馈电网络及用户的管理、监控、优化等功能。

从20世纪80年代末逐步发展至今的配电网自动化,其功能内容大致可以分为四个方面,即:变电站自动化、馈电线自动化,需方用电管理(与用户自动化概念相同)及配电管理自动化。

1.2.2 关于配电管理系统与配电网自动化系统概念的说明

1)迄今为止,对于配电网自动化系统,国内外尚无统一的标准与规范。但涉及的功能与内容,基本上是一致的,即上述四个部分。20世纪80年代,首先提出配电网自动化系统的美国,对DAS有如下定义:

配电网自动化系统,是能够实时监视、协调和运行配电系统的部分元件和全部元件的一个完整的信息采集、传递与处理的集成自动化系统。

按上述定义,配电网自动化是由若干功能独立的自动化系统,如配电网SCADA系统、馈电线和变电站自动化系统、负荷管理和监测系统等,有机地集成为一体实现的自动化。当多种单项、分散的自动化系统并未有机地集成协调工作时,并不能真正实现上述定义下的配电网自动化。

2)上述关于配电网自动化系统的定义虽完备,却显得空泛。当今,我国将变电站自动化、馈电线自动化、需方用电管理及配电管理自动化的有机集成称为配电管理系统(Distribution Management System—DMS);将第一和第二部分相关的自动化系统合称配电自动化(Distribution Automation—DA)。

上述四个部分的相关自动化系统可以分别独立运行，但它们之间的联系十分密切，特别是信息的搜集、传递、存储、利用，以及这些信息经过处理得到的决策或控制是相互影响的，因而DMS中各部分的发展应综合考虑，也即是说，DMS的四个部分构成一个集成系统。

可见，上面两种关于配电网自动化的概念，实际是统一的。为使讨论明晰，本教材采用配电管理系统作为配电网自动化系统及其管理的总称。

1.2.3 EMS与DMS在电力系统中的关系

电力系统及其相关的自动化管理系统的示意图如图1.2所示。整个配电网从变电、配电到用户用电过程，均由DMS系统进行监控和管理；而包括发电厂在内的输电系统，则是在能量管理系统(EMS)的监视、控制与管理下运行。EMS与DMS都是有明确对象的管理系统，但两者之间又是有联系的。通常，DMS应执行EMS的宏观调控命令，并有必要向EMS系统传递必需的信息。

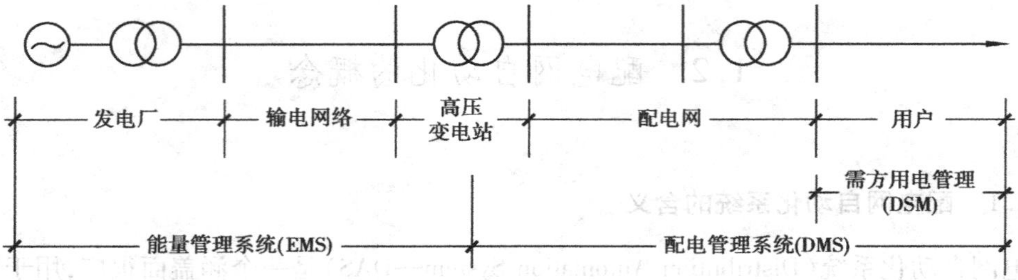

图1.2 EMS与DMS在电力系统中的关系示意图

ESM与DMS的分界并无公认的标准，习惯上，以输电系统的降压变电站中的主变高压/中压侧来划分。近年，用户侧的监测与管理以需方用电管理(DSM)形式表示，它仍从属于DMS系统。

1.3 配电网自动化的基本功能与系统结构

1.3.1 配电网自动化的基本功能

配电网自动化的单项功能极为繁多且功能交叉，较难规范出一个简明的功能划分。按1.2.2节的概念，整个配电网自动化功能及其关系如表1.1所示。该表仅给出自动化系统最主要的基本功能关系。必须注意在本书中配电网自动化系统(DAS)与配电自动化(DA)是两个不同的概念。

表1.1给出的功能系统涵盖关系并不是唯一的。例如，有的划分是将GIS，DSM及SCADA系统置于DA系统之下。不论何种划分并不影响该系统的实际功能。下面，对配电网的自动化系统功能做简要说明。

表1.1 配电网自动化系统的主要组成部分的功能及关系

- 配电管理系统(DMS)
  - 配电自动化(DA)
    - 馈线自动化(FA)
    - 变电站自动化(SA)
    - 配电网通信系统
  - 配电地理信息系统(GIS)
  - 潮流分析、优化及其他应用软件
  - 调度员培训模拟系统(DTS)
  - 负荷管理系统(LM) —(扩展)→ 需方用电管理(DSM)
  - 配电网 SCADA 系统

(1)按配电网自动化系统的基础性功能划分

按 DAS 的基础性功能,可分成以下功能:

1)自动控制功能。主要包括:自动母线分段、馈线调度切换与自动分段,综合电压/无功控制、变电站负荷平衡、自动抄表等自动控制功能。每一类自动控制功能下,还可更细地分成若干子功能系统。

2)数据采集与处理功能。这实际是配电网 SCADA 系统的部分功能的表现。该功能包括配电网各级数据采集与监测、记录等。数据采集与处理是各种控制及管理的依据。

3)人工控制功能。在配电网中,即使自动化程度再高,也仍然存在若干人工控制及操作。

4)保护功能。指变电站、馈电线的各种保护。

5)负荷管理功能。包括对负荷的控制、信息传递与记录处理等。

6)远方计量功能。包括负荷观测、远方抄表、损坏检测等。

7)各种管理、估计、计算的功能等。

(2)按配电网自动化系统的子系统划分

按子系统划分功能,即按表 1.1 划分。一个完善的配电网自动化系统可划分成以下功能子系统。

1)配电自动化(Distribution Automation—DA)。

DA 实现的是配电网中最基本和最重要的自动监控功能。DA 不仅包括变电站自动化和馈电线自动化、配网通信系统,还包括很重要的无功和电压调控等功能系统。

下面对 DA 的主要子系统做简要说明。

①配电变电站自动化(Substation Automation—SA)。

SA 是指将对配电变电站内的监测、保护、控制及信息传输有机综合而成的一个自动化系统,可提高变电站运行的可靠性,提高劳动生产率,简化系统,减少变电站占地面积,降低造价,减少维护工作量。

变电站自动化系统还往往是馈电线自动化中信息传递与处理的工作主站,也是执行调度端下达命令的工作子站。

当今,SA 系统因其完备的功能、有别于过去的功能各自独立和相互无信息交换的变电站监控系统,而被称为变电站综合自动化。

在配电网的低压网络中,有若干配电变压器,其参数的远方监视和补偿电容自动投切,可视为 SA 的特殊形式。

②馈线自动化(Feeder Automation—FA)。

FA 广义上包括配电网高压、中压和低压三个电压等级的线路自动化。对于高压配电线路,其负荷一般是二次降压变电站;中压配电线路,其负荷可能是大电力用户或配电变压器;而低压配电线路,其负荷则是广大的用户。各电压等级馈线自动化有其自身的技术特点,特别是低压馈线,从结构到一次、二次设备和功能,均与高、中压馈线有很大区别。目前论述 FA,是指中、高压的馈线自动化,特别是指中压 FA,在我国尤其是指 10 kV 馈线。故通常所指的 FA 主要是指此范围。

FA 的功能主要为运行状态监测,对馈线的远方与就地控制,馈线故障后实现对故障区的定位、隔离、负荷转移和恢复供电,以及无功补偿和调压。

③配电网的通信系统。

配电网中,为实现各种远距离监测、控制的信息传递,必须建立相应的通信系统。例如,装设于各变电站中的远方终端(Remote Terminal Unit—RTU)与调度所之间来往的信息传递,必须由性能可靠的通信系统来实现。远方抄表系统、安装于馈电线上的面向现场的远方终端(Field Terminal Unit—FTU)及配电变压器上的远方终端(Transformer Terminal Unit—TTU)等装置,均需借助相应的通信系统才能传送信息。可以说,没有功能完善的通信系统,很难实现真正意义上的配电网自动化系统。

由于配电网络结构的复杂性,以及要实施的配电网自动化系统的多样性,在配电网中可使用的通信方式较多。随着通信技术的发展,配电网通信系统主要有配电线载波、脉动(音频)控制、工频控制、公用电话网、光纤、微波等通信方式。

④DFACTS 技术。

应用于输电系统的柔性交流输电系统(FACTS)技术,近年扩展到配电网,故称为 DFACTS 技术。这是一大类电力电子技术在配电网中的应用。目前主要指固态断路器(SSB)、静态调相器或静态无功补偿器(STATCOM)、动态电压恢复器(DVR)、谐波抑制装置等。DFACTS 技术的推广使用必将引起配电网自动化更新更高层次的发展。

⑤远方抄表系统及其他配电自动化技术。

2)配电网实时数据检测与监控系统(Supervisory Control and Data Acquisition—SCADA)。配电网的实时数据检测与监控系统,是 DMS 实现自动化管理的基础。

在电力系统中,SCADA 系统均是通过通信系统传送信号。配电网中的 SCADA,既包括配电变电站中的 RTU 与调度端的主站(Master Station—MS)之间实时数据的传送、接收与处理,还包括沿馈电线装设的 FTU,TTU 的信息传送、接收与处理。

3)配电网地理信息系统(Geographic Information System—GIS)。

地理信息系统能准确地给出事物的地理位置。将 GIS 引入配电网中应用,是 DMS 的重要特点之一。因为配电网的设备多而分散,网络节点多,且网络走向与城镇建筑、街道等地理信息关系密切。将自动绘图(Automatic Mapping—AM)与设备管理(Facility Management—FM)功能建立于 GIS 平台上,形成一个 AM/FM/GIS 系统,可以更方便、更直观地对配电网进行运行管理。

该系统离线应用时,不但可以表明网络内设备的状态,还可与 SCADA 配合,通过着色等方法的在线应用,显示配网潮流、电压分布、故障位置等。

此外,GIS 具有辅助配电网发展规划设计的功能。借助 AM/FM/GIS 系统,可以实现用户信息系统、停电管理系统等特殊功能系统。

4)配电网的负荷管理(Load Management—LM)。

在DMS系统下的负荷管理是指根据用户的用电量、电价、气候条件等因素进行综合分析,制订负荷控制策略和计划;对集中负荷进行监视、管理与控制;此外,还有估计负荷的预报模型和控制方案评价研究的功能。

可以认为,LM是DMS系统面对负荷的各种预报、监控、管理功能的综合。

5)配电网的应用软件。

这里所指的是处于配电网调度层的分析软件组,常称为电力系统软件(Power Application Software—PAS)。这包括若干保证安全可靠供电、潮流计算、分配负荷、优化电压/无功的多种应用软件。这一大类软件又可分为基本应用软件与派生应用软件。前者如潮流计算、网络拓扑分析、状态估计、短路电流计算、电压无功控制、负荷预报等;后者如网络重构、变电站负荷分配、馈电线负荷分配、按相平衡负荷等。此外还有专用应用软件,如小区负荷预报、投诉电话热线处理、设备管理等。

6)工作管理系统(Work Management System—WMS)。

工作管理系统是指对配电网中的设备进行监测并对采集的数据进行分析,以确定设备的实际状态,并据此确定状态检修或进行计划检修。

7)调度员培训模拟系统(Dispatcher Training System—DTS)。

调度员培训模拟系统是指通过仿真软件给出模拟的配电网对调度员进行培训。若DTS的数据是来自SCADA采集的实时数据,可帮助调度员在模拟操作时判别操作的正确性,从而提高调度的安全性。

DTS还可供配电网发展后各种预想运行方式的操作,以判断规划设计方案的可靠性、安全性。

8)需方用电管理(Demand Side Management—DSM)。

需方用电管理含有控制与自动化的内容,更多的是一种管理,但不同于前述的负荷管理。DSM是指电力供需双方通过电力市场实现密切配合,建立一个良好的生产与消费的关系,达到提高供电可靠性,减少能源消耗及供需双方的费用支出的目的。

DSM包括负荷管理、用电管理、需方发电管理等内容,可见,DSM比LM涉及范围广;LM的进一步发展是DSM。DSM与LM的区别在于:DSM要求用户有效参与,而在LM方式下,用户是被动的。

对于配电网自动化系统的功能,不论按基础性功能划分还是按DAS的子系统划分,归纳起来,不外乎是根据安全监视、控制和保护三个基本功能要求,通过信息、可靠性、经济性、电压与负荷共五个管理过程,及其相互独立又互有联系的过程功能来体现。任一具体的自动化系统往往由两个或两个以上管理过程结合来完成。例如电压/无功控制功能就由信息管理提供信息,电压管理给出控制手段,经济性管理给出控制指标,三者结合完成相应功能,这种功能划分便于自动化系统工作性能的分析。五种功能管理过程不再做进一步说明。

1.3.2 配电网自动化系统的结构

如前所述,配电网的主要特点是数据量庞大,网络结构复杂;由于面对用户,网络运行方式变化多而快,要求处理问题及时;这些特点直接影响DAS系统的结构。

当今的配电网自动化系统多按下述原则考虑其结构。

1)配电网自动化系统通常都设计成开放的积木式结构。这样考虑的优点是可以采取分期实施的策略。在自动化系统建设初期,可以先控制在适当的规模和实现基本的功能,然后根据需要逐步扩充容量和全面实现预期功能。这样,既能较快地见效、便于实施,又不使规划远景受影响。

2)当前的DAS系统结构多分为三个层次,即调度中心、地区电网管理中心,分散现场操作区(馈电网络区域)。图1.3为DAS系统结构示意图。

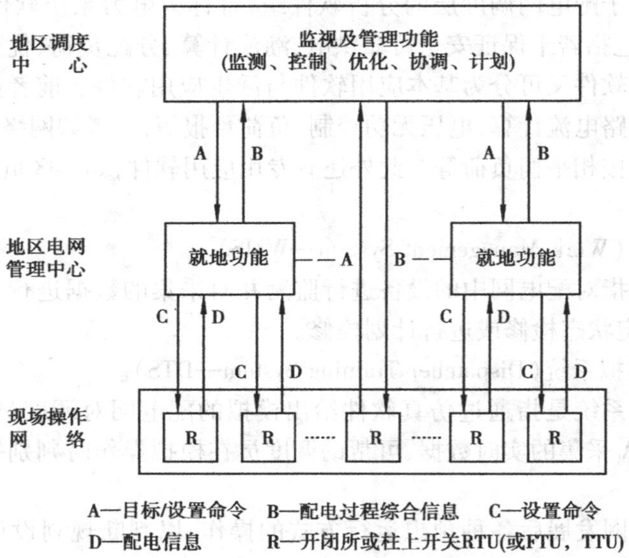

图1.3　配电网自动化系统结构图

当今,配电网中的变电站均按无人值班形式设计,因此,整个配电网的信息量很大,若全部都由调度中心来处理全网的监控,显然不合适。尤其是当配电网在DMS管理下运行时,信息量中意义不大的普通信息很多,调度中心难以处理且无必要。因此,在调度中心下,建立地区电网管理中心,作为二级管理。二级管理通常由一次变电站承担,将就近区域内的RTU,FTU,TTU集结,就地处理一般信息,只将重要的有关信息传送到上级调度中心。当分散的现场太多时,二级管理可能是两次集结。

现场的RTU直接或经二级管理中心指令,对现场设备实现监测与控制。重要的RTU也可能直接将信息送到调度中心,而不必经过二级管理中心。

1.4　实施配电网自动化的效益

实施DAS后将产生多方面的效益:

1)实施变电站综合自动化后,变电站可节约占地面积,同时,因可以实现无人值班,可节约人力及运行费用。

2)实现潮流控制,调整负荷,改善负荷曲线;充分利用现有设备潜力;推迟或减少新增发配电设备的投入。

3）合理及时调整运行方式，降低网损。

4）系统安全性、灵活性提高。

5）由于采取快速、准确的电压/无功调节，利用 DFACTS 技术减少停电次数，停电持续时间，更合理地进行无功补偿，减少谐波含量等技术，电能质量得到提高。

6）用户可以得到按质论价的电力供应。

7）制度化的计算机处理，提高了服务质量。

8）达到节能效果。

1.5 当前实施配电网自动化的难点及分析

虽然近年来配电网中单项的自动化系统，例如地区调度自动化，变电站综合自动化的建设发展很迅速，但要实现一个功能完备的 DMS 管理下的 DAS 系统，存在着若干困难。对这些难点简要分析如下：

1）如前所述，配电网结构复杂，加之网中配电变电站，开闭所总的电气设备数量大，信息量大，即使经过处理，仍会给 DAS 系统组织带来困难。想要在图形工作站较清晰地展现整个配电网的运行方式，困难很大，因此对于自动化系统的后台主机，无论是硬件还是软件，均较输电系统的自动化有更高的要求。

由于配电变电站设备多，要能使整个系统运行可靠就要求这些设备的可靠性与可维护性高，否则供电部门将陷入繁琐的维修工作中。同时，由于设备量大，希望每台设备成本低，否则，整个配电网自动化系统成本过高，难以发挥出 DAS 系统的效益。

2）配电网有大量的 FTU 及 TTU 工作于户外，工作环境恶劣，通常要求能在较大温度范围内，湿度高于95%的环境下正常工作，并要考虑防雨、防雷等问题。配电网中的站端设备进行远方控制的频繁程度比输电系统自动化要高得多，故还要求可靠性高，造价不能过高。这都使 FTU 的制造增加了难度。

3）同样地，由于配电网的站端设备数量大、节点多，在一个配电网中往往根据需要，会有多种通信方式混合使用，以减少总的通道数量。这就增加了通信系统的复杂性与难度，至今难以采用统一的通信规约。

4）在配电网自动化系统中，工作于户外的设备的工作电源和操作、控制电源的可靠取得是一项必须解决的问题，否则若干自动功能不能实现。在馈电网络中，必须保证处于停电区域内的微机系统、通信系统、断路器及各种自动开关有所需要的电源。对于输电系统，自动设备可从变电站的直流电系统获取电源。而工作于户外杆上的配电设备，也可安装蓄电池以维持停电时的电力，但要配置充电器与逆变器，并要解决蓄电池的自动充放电的控制问题。

5）目前，我国实现 DAS，除个别新建小区，主要都是在已有配电网上进行改造。首先，要进行网络结构的改造，以适应系统发展及自动化的要求，并必须增设大量的测量、控制设备，这是实施过程中必须解决的重要问题。

目前，在技术条件与管理职能不断完善过程中，上述难点也在逐渐解决，但又会出现新的难点，并以此推动技术进步。

1.6 国内外配电网自动化现状与发展趋势

1)在技术发达国家,配电网自动化系统受到广泛重视,且起步较早。许多国家在20世纪80年代初,已开始建立自己的DAS系统;到20世纪80年代末,在研究与应用上DAS均取得很大发展。DAS总体功能上,已多达百余种。对已运行的DAS系统,强调实用性、供电可靠性和经济效益。

国外对新技术的开发,注重设备质量、配电网自动化发展规划,从基础自动化到计算机配置,在自动化系统发展过程中,都能协调配套。

国外DAS的发展多经过由各种单项自动化林立(称为多岛自动化),向开放式、一体化和集成化的现代意义上的DAS系统发展的过程。

各国在建设与发展其DAS系统时,都充分考虑本国自身的特点。

2)我国DAS系统的建立,总体起步较晚。20世纪80年代末至90年代,国内电力系统的35 kV变电站逐步实现了四遥功能,地区级调度中,也有一些多岛自动化系统;20世纪80年代末,已研制成功符合国情的变电站综合自动化系统。

20世纪90年代开始,国家全力支持对城市电网、农村电网的技术改造,加之计算机技术和通信技术的发展、一次设备性能的改善,以及DAS实施后系统的安全、经济性的提高,均促使我国DAS系统的建设与应用显露出迅速发展的势头。

3)由于配电系统变得愈来愈复杂,以致离开了自动化,就难以使系统在最经济和最可靠的状态下运行。因而配电网自动化系统的应用与发展已是必然趋势。发展中应注意和考虑以下问题:

①配电网自动化要求有与之相适应的电网接线方式,在设计电网发展规划时应考虑。

②对于已有若干单项配电自动化(如已有SCADA、管理信息系统等)的配电网,在施行DAS改造时,不必撤换原有系统,可遵循开放系统原则,最大限度地保留原有硬件资源,使原有设施项目转换接入开放系统,一直使用到该技术淘汰。新上项目则一定要符合开放系统结构。同时,要对数据库访问的集成服务的通信接口制订标准,这样,就可以实现不同的应用开发厂家产品的系统集成。

③分析DAS效益时,不仅计及投资、人员、经济性、可靠性的效益,还必须将提高供电质量作为评价DAS的一项重要指标。

④从DAS的技术发展趋势看,网络化、集成化、通用化、面向对象式设计、DFACTS技术及人工智能技术等,应予以重视和应用。

1.7 本书内容的一些说明

1.7.1 内容取材说明

本教材只对已较成熟的配电网自动化功能及应用做基本的和较完整的介绍。在此基础上，对某些系统做必要的原理性阐述，一些新理论、新技术的运用也做简要说明。

这样选取与处理教材的原因在于：

1）配电网自动化系统涉及的理论与技术很广，而且我国及世界各国的 DAS 系统，无论在应用技术上及新技术、新理论的研究上仍处于发展中。

2）DAS 中每一个独立的功能系统均可独立地在原理及应用上做出较多的系统性阐述。

3）《配电网自动化系统》作为一门课程，应是在专业基础及其他专业课已学习过的前提下进行的。故若干专业基础理论、知识均认为读者已了解。只有当认为某些理论与技术知识未在其他专业教材内说明时才做阐述。

1.7.2　内容安排

按 DAS 中重要的功能子系统安排本教材的编著。内容共分为 7 章：第 1 章为绪论，第 2 章至第 7 章内容如下：

第 2 章介绍配电网中的远动信息传输，即远动装置的工作原理，并对应用于配电网的其他通信方式做简介。

第 3 章介绍配电变电站自动化系统的功能、结构、通信及系统工作等内容。变电站自动化技术的进展则在介绍相关内容时给予必要说明。

第 4 章先对用于配电网中的常见的一次设备做简要介绍；之后，介绍馈线自动化及几种负荷控制系统工作原理。

第 5 章介绍当今已逐步应用于配电网的 DFACTS 技术，即用户电力技术中几项重要技术的用途及其基本工作原理。

第 6 章介绍配电管理系统的功能，系统组成以及几种主要应用软件功能说明，其中着重介绍了 GIS 系统及几种功能软件。

第 7 章介绍需方用电管理，由于 DSM 日愈显现其重要性，故对 DSM 单独列为一章介绍。

第2章 配电网通信系统及远动信息传输原理简介

2.1 概述

良好的通信系统是实现功能完善的配电网自动化的重要基础。

2.1.1 通信系统在电力系统中的重要作用

为保证电力系统运行的可靠性、经济性和电能质量,调度端必须通过 SCADA 系统向电网中的发电厂、变电站搜集各种运行的实时数据,进行监测;并在必要时通过该系统向厂、站端发送控制命令,由厂、站端执行该命令。厂、站端的一些特别信息也可经由 SCADA 系统及时主动向调度端传送。这一切信息的交流均必须由质量良好的通信系统来传递。

2.1.2 配电网中通信系统的功能及通信系统构成的特点

配电网中,通信系统主要作为 SCADA 系统的信息传输信道,但语音通信、远方负荷控制、远方抄表系统以及馈线自动化中的信息传递等,也均需利用相应的通信系统来实现相关信息的传输。在配电网中,目前还没有任何一种单一的通信方式在合理的性能价格比或功能上全面满足各种规模和不同信息传输的需要,因此往往有多种通信方式混合使用。

下面,对通信系统做简要说明,并对几种用于配电网的通信系统进行简介。然后,在此基础上较全面地阐述用于电力系统中的远动系统的工作原理。

2.2 配电网通信系统

2.2.1 通信系统的组成及分类

(1)组成

任一通信系统可用图 2.1 所示示意图来说明其组成及工作过程。

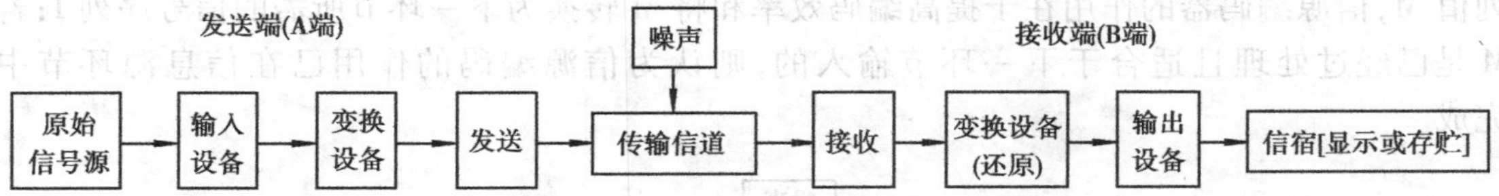

图2.1　通信系统的组成示意图

图中的原始信号源可能是被监测的信号、某一个命令信号、其他需要传送的视频或音频信号。

输入设备泛指各种信号变送器或传感器,在于将原始信号转换成适合下一环节——变换设备要求的电信号。

变换设备是沟通输入设备与发送环节的接续装置。利用该环节可以合理地、经济地使用发送设备或对输入设备输出的电信号做进一步加工(例如加密或抗干扰)以满足对通信的特殊要求。

发送环节是将加工过的信号做进一步处理,使其符合所使用的通信道传送信号的要求。

传输信道(或简称信道),是传输信号的媒介。目前可用的信道有架空明线、通信电缆、光纤、无线信道等。

接收端的设备与发送端对应,作用相反:接收环节将收到的、含有不可避免干扰噪声的信号进行滤波还原;接收端的变换设备则将输入的信号还原为最接近于发送端的电信号,再经输出设备将接收信号输出或存贮。

当通信系统两侧均有发送与接收任务时,两侧均应有其发送端和接收端的全部设备。

(2)通信系统的分类

1)通常,通信系统可按信道媒介来划分,可分为有线通信、光纤通信、无线通信系统,每一类系统又可再进一步细化。

2)按照信道中所传信号的不同,通信系统可分为模拟通信系统与数字通信系统两大类。

模拟通信系统的原始信号都是模拟信号,经输入设备转换成与模拟信号成比例的电信号,这类信号的频谱是低频率的,不适宜远距离传输,故要经由调制器(相当于图2.1中变换设备)调制成适合信道传送的信号(称为已调信号)送入信道,这实际是一个频率搬迁过程。接收端则经由解调器(相当于图2.1中接收与还原环节)将接收信号经相反变换而还原,再输出或储存。

数字通信系统中,传送的是离散的数字信号。

2.2.2　数字通信系统简介

配电网中大多数信息均采用数字信号通信技术进行信号传输,故对数字通信系统做详细介绍。

通信道中传输的原始信号是离散数字信号的系统为数字通信系统。数字通信系统又可分为数字信号频带传输通信系统、数字信号基带传输通信系统和模拟信号数字化传输通信系统。

(1)数字信号频带传输通信系统

1)信息传输过程

图2.2为数字信号频带传输通信系统模型框图。图中,信息源给出原始信息的信号序

列值 M，信源编码器的作用在于提高编码效率和将 M 转换为下一环节所需的信号序列 I；若 M 是已经过处理且适合于下一环节输入的，则认为信源编码的作用已在信息源环节中完成。

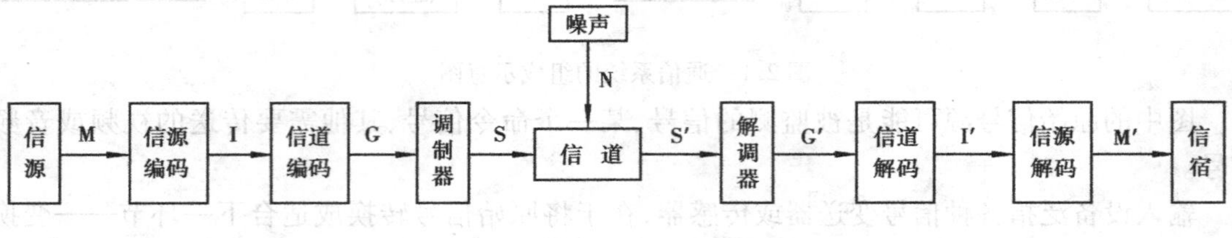

图 2.2　数字信号频带传输通信系统模型框图

由于通信道通常暴露于各种噪声 N 的干扰下，如不对信号 I 做进一步处理，噪声干扰将使带有源信息的信号 I 失真，即发生差错。为此，加入信道编码器，其作用为将信号序列 I 变换成具有一定抗干扰能力的信号序列 G。这一过程称为差错控制编码或抗干扰编码。

从信道编码器输出的数字信号 G，一般并不适合作为传输信号送入信道去传送，而必须将 G 信号变换成频带适合信道传输的信号 S，这一变换由调制器完成。S 通常称为已调制信号，通常是高频率的带有某种特征（即为携带的信息）的正弦波信号。

接收端首先由解调器完成对 S 的相反变换，再经过与发送端作用相反的译码环节，最后得到与 M 接近或相同的信号 M′。

2）数字信号频带传输特点

数字信号实为一串有一定时间间隔的电脉冲（称为码元），在进行通信时，发送端按确定顺序、一定节拍逐位传送码元，接收端也必须按同一节拍逐位接收码元，即发送与接收码元必须同步协调地工作，否则将造成混乱。这种同步称为位同步或码元同步，它实际就是要求接收端接收脉冲的频率和相位应与发送端发送脉冲的频率和相位相同。

发送端发送的数字信号实际是由若干码元有序编码而成。表达一个完整信息的数字信号称为一个码字，若干码字编为一组（称为一帧）。接收端与发送端还必须在编组上一致，这称为群同步或帧同步。

可见在数字通信中，同步是一个重要问题。

（2）数字基带传输通信系统

所谓基带是指基本频带，基带信号是指未经调制或接收端解调之后的信号，即原始信号。数字通信系统中，数字信号即为其基带信号。数字基带传输指没有调制器/解调器的数字通信系统。

这种系统因直接传送的是电脉冲信号（一般为矩形脉冲波），故易受通信形式、参数影响。基带传输系统没有频带传输系统应用广，只作近距离传输用。

（3）模拟信号数字化传输通信系统

实际的原始信息源信号多为模拟信号，例如语音、电力系统中各种要监测的电量及一些非电量均为模拟信号。要实现模拟信号的数字化传输，必须在通信系统的发送端先将模拟信号经过 A/D 转换并量化成为数字信号，再按数字信号通信系统方式传送；接收端则应在进行相反变换后，再经 D/A 转换为原来的信号。对应图 2.2，即应在信源编码器前加入 A/D 环节，在信源译码器后加入 D/A 环节。这样就构成模拟信号数字化传输通信系统。

在模拟信号数字化传输通信系统中，同样可以是频带传输方式或基带传输方式。此时的基带信号可以认为是模拟信号数字化后的数字信号。

在电力系统的远动系统中，模拟量的数字化传输是采用频带传输方式。

(4)数字信号通信系统中的时分多路复用传输信号

在一个通信道上实现多个信号的传送技术称为信道多路复用技术。多路复用技术有两类：频分多路复用和时分多路复用。频分复用传输是将各个信号分别占用互不相同的频段，多个信号可以同时发送，频率不会重叠，接收端用不同滤波器把不同频率分割开来，就可同时接收多个信号。频分复用适用于模拟信号通信。时分复用则是各个信号均在一个传输频带上，适用于数字信号传输。利用一个数字信号是一个脉冲串的特点，多路信号按时间分割，脉冲之间的间隔可以插入其他路信号的脉冲，于是，多个信号在时间上互不重叠地在同一通道上进行传输。图2.3为两个数字信号的时分复用波形示意图，它表明了时分复用传输信号过程。由图可见，在$X_1(t)$的两个相邻采样点间，插入了对$X_2(t)$的采样。由于采样脉冲宽度t_c很窄，故在一个采样周期T_s中，可不重叠地插入多路信号脉冲。多路信号脉冲可以在一条公共通信道传送，此即时分复用。

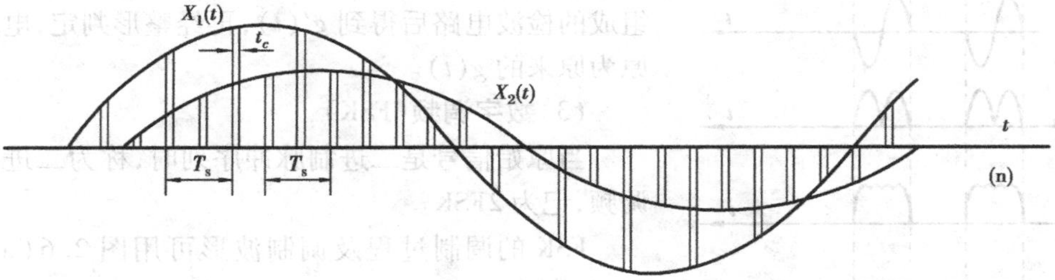

图2.3 两个数字信号的时分复用波形示意图

2.2.3 调制与解调

目前信号的频带传输均采用调制与调解方式实现信号频带的搬迁与还原，这种通信方式也称为载波通信，包括模拟信号的载波通信与数字信号的载波通信。

(1)调制与解调过程

如前述，在信道中传递的是带有某种特征的高频正弦波信号。根据正弦量的特点，当原始信号为模拟信号时，调制是指分别用原始模拟信号（在调制过程中，称为调制波或调制信号）去调制（即改变）一高频信号（称为载频波）的幅值、频率或相位，依次分别称为调幅（AM）、调频（FM）或调相（PM）。例如，采用振幅调制（AM）时，信道上传输的幅值受到调制，从而带上原始信号的信息的载频波。接收端的解调即是从载频波中检出幅值变化规律，从而还原原始信号的信息。调频或调相的调制与解调过程与上述类似。

当原始信号为数字信号时载频波仍是高频正弦波，仿上述，调制方法对应也可以有数字调幅（也称幅移键控）记作 ASK（Amplitude Shift Keying），数字调频（又称频移键控）记作 FSK（Freguency Shift Keying）及数字调相（即相移键控）记作 PSK（Phase Shift Keying）。

(2)数字调幅（ASK）

ASK 是早期出现的数字调制方式，至今仍在使用。当数字信号是二进制表示的脉冲序列时，幅移键控可记作2ASK。调制与解调过程可用图2.4所示框图及图2.5所示波形示意图说明。

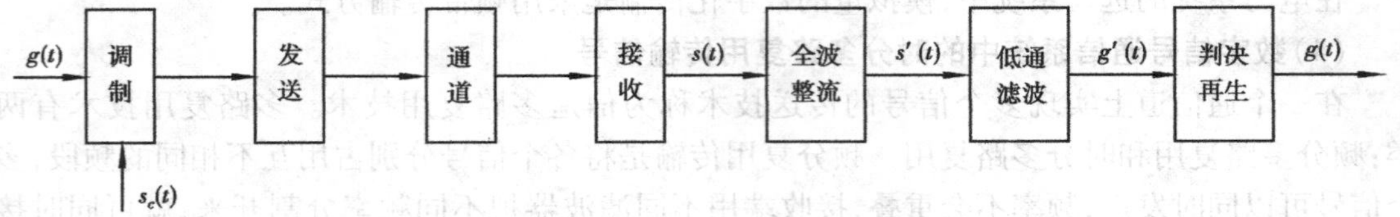

图2.4　ASK调制与解调过程

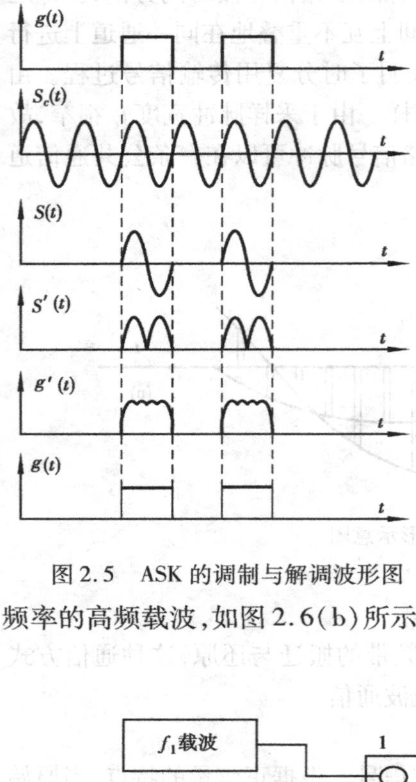

图2.5　ASK的调制与解调波形图

假设在干扰为零的条件下，基带数字信号 $g(t)$ 去调制载波 $S_c(t)$ 的幅值，实为一相乘关系。设 $S_c(t)=A_c\cos\omega_c t$，则ASK在通道中的波形为：

$$S_c(t)=\begin{cases}A_c\cos\omega_c t & (g(t)=\text{“1”})\\ 0 & (g(t)=\text{“0”})\end{cases}$$

接收端接收 $S(t)$，经由全波整流电路及低通滤波器组成的检波电路后得到 $g'(t)$，再经整形判定，电路就还原为原来的 $g(t)$。

(3)数字调频(FSK)

当原始信号是二进制脉冲序列时，称为二进制数字调频，记为2FSK。

FSK的调制过程及调制波形可用图2.6(a),(b)说明。

二进制脉冲键控两个独立的不同频率的载波源，见图2.6(a)，从而信道上出现与二进制脉冲对应的不同频率的高频载波，如图2.6(b)所示。即FSK波形为(设初始相位为零)：

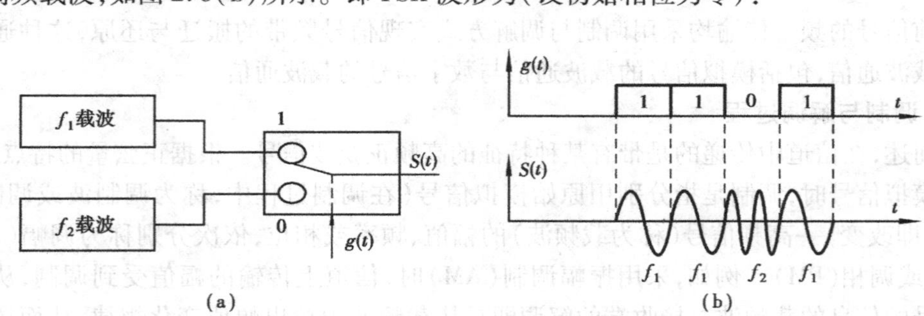

图2.6　FSK的调制及其波形

$$S_c(t)=\begin{cases}A_c\cos\omega_1 t & (g(t)=\text{“1”})\\ A_c\cos\omega_2 t & (g(t)=\text{“0”})\end{cases}$$

解调过程用鉴频器来识别出载波为 f_1，f_2 的波形，并整形还原。

(4)数字调相(PSK)

数字调相又分为绝对调相(PSK)与相对调相(DPSK)两类。

1)绝对调相以载波相位为准,用一种固定相位代表数字信号的数字量,例如,对于二进制脉冲,可以作以下设定:

$$S_c(t) = \begin{cases} A_c \sin(\omega t + 0) & (g(t) = \text{“1”}) \\ A_c \sin(\omega t + \pi) & (g(t) = \text{“0”}) \end{cases}$$

2)相对调相用前后两相邻波形的相位变化值来代表数字信号,例如对于二进制脉冲序列,前后两载波相位不变代表“0”,改变 π 时为“1”。图 2.7 表示了对应于同一数字信号时的 PSK 与 DPSK 波形。

PSK 的解调器用鉴相器电路构成。电力系统中,多采用 FSK 与 PSK(或 DPSK)调制方式。

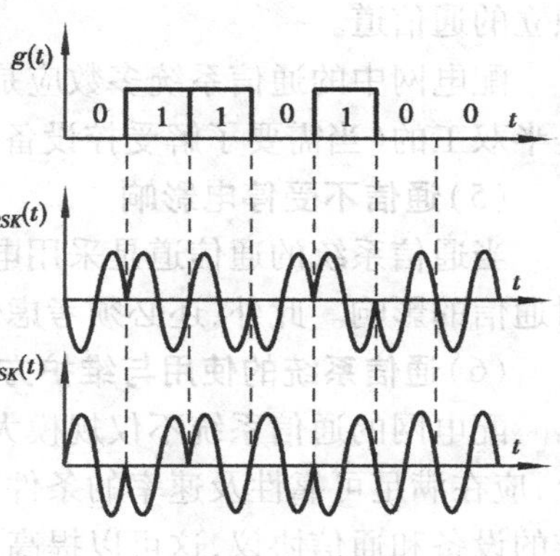

图 2.7　PSK 的调制波形

2.3　配电网中的通信系统

2.3.1　配电网自动化对通信系统的要求

一个实用的通信系统必须满足若干基本要求,如可靠性、速率、经济性等。对于配电网自动化系统,因功能不同,对通信系统的要求也不同,其基本要求如下:

(1)通信可靠性

通信系统必须具有高可靠性。在恶劣的气候条件和电磁干扰下,系统均应可靠工作。对电磁干扰的承受力,对不同功能的自动化,有不同要求。

(2)通信系统的投资

配电网的网络复杂,使用的 RTU,FTU,TTU 多,通信网络相应也复杂、造价高。因此,在选用哪种通信方式来实现有关自动化功能时,要考虑其投资。对通信系统进行预算时,不仅要考虑设备的造价,还应估算通信系统使用期限和维护的费用。

(3)通信速率

通信速率是通信系统传输能力的主要指标。通信速率以每秒传输的位(比特)数表示,即以 b/s 为单位,或写成 bps(bits per second)。

配电网中,若干自动化系统对通信速率的要求都不是很高,一般在 300 ~600 b/s 或更低就可满足自动化功能的要求。对于负荷控制,在 10 b/s 时也能满足要求。此处不涉及变电站内部通信的要求。

输电系统因其重要性,并应考虑系统的稳定性的要求。当今,它的远动系统要求的信息传输速率有 600 b/s,1 200 b/s 或更高。

(4)通信系统的工作模式

通信系统按信号传输方向,可将系统分为单工、半双工、双工三种工作模式。单工是指通信系统的发信端、收信端是单一固定的。半双工则是指信道两侧(设为 A 端、B 端)都有发信、收信功能,当 A 端向 B 端发信时,只能 A 端发信完毕后,B 端才能向 A 端发信,反之亦然。双工则是 A,B 两端可以同时进行发收功能。显然,双工系统的通信道对于传送信号来说,是两条独立的通信道。

配电网中的通信系统多数应是双工或半双工的。而作为负荷控制，可以是单工的，也可以是半双工的(当需要了解受控设备状态时，受控设备必须回答控制端的询问)。

(5)通信不受停电影响

当通信系统的通信道是采用电力线作为传输信号的媒体时，必须考虑线路故障或断线时对通信的影响。此外，还必须考虑停电地区的RTU,FTU及负荷控制设备的供电问题。

(6)通信系统的使用与维护方便性

配电网的通信系统不仅规模大、方式多，而且一些系统还进入低压配电线路。因此，设计上，应在满足可靠性及速率的条件下简化系统，使之易于使用和维护。设计时，尽可能选择标准的设备和通信协议，这可以提高系统的兼容性，并为系统今后的扩展带来方便，也能降低使用与维护费用。

2.3.2 应用于配电网中的多种通信方式

当今应用于配电网的通信方式主要有以下几种：

(1)电力线载波(Power Line Communication—PLC)

这是电力系统中独特的一线两用的载波通信系统。其覆盖面广，且已由高压系统深入到低压网络，只要接入网络的节点，均可直接作为通信网络的终端。按照对应网络，电力线载波包括输电线载波、配电线载波及低压配电线载波系统。输电线载波使用的载波频率较高，传输速率可达1 200 b/s，传输距离可以大于100 km或更远。配电线载波系统应用于高压与中压配电网，载波频率比较低，载波设备相对于输电线载波较简单，传输速率可达50～300 b/s，主要作配网SCADA的信息传输网。低压配电线载波应用于380 V/220 V网络，传输速率也不高，主要用作自动抄表传输信息用。随着通信接口技术的发展，低压PLC技术与Internet互联技术已可实际应用，PLC的应用前景更广。

(2)电话专线

利用邮电网分布广的特点，配电网用户可租用邮电网或拨号上网方式为配电网服务。

(3)无线通信系统

无线通信系统是一种广域通信，易实现双工通信方式。按无线通信的频率划分，无线通信包括微波(通信频率大于1 GHz)、扩频(900～1 000 MHz)、超高频(UHF)(300～1 000 MHz)、甚高频(VHF)(30～300 MHz)等无线通信方式。

(4)光纤通信

光纤通信是一种性能良好的通信系统。光纤通信以特定的光波作为载波，以光导纤维(一种具有把光波封闭在其中并沿轴向传播的导波纤维)构成的光缆作为传输介质。光纤通信具有以下优点：

1)因为是以光速传输信息，载波频率高，通信容量大。例如，设光纤通信使用的光波频率为某微波通信使用频率的100倍，则该光纤通信容量也约为该微波通信容量的100倍。

2)损耗低、中继距离远，现使用的二氧化硅玻璃构成的光纤损耗极低。例如，传送波长$\lambda=1.13\ \mu m$的光波的光纤，其损耗为0.5 db/km。由于光纤的损耗小，中继距离可以很长。例如，传输速率为400 Mb/s的光信号，光纤通信系统可达100 km而无需中继传输，然而同样速率的信号若用同轴电缆方式传递，在无中继传输的条件下，只能传输1.6 km左右。

3)抗电磁干扰能力强、无串话。因光纤不导电,故不受电磁干扰,常见于电缆通信中的“串话现象”在光纤中也不存在。同时,光纤通信也不会干扰其他通信设备。

4)容易均衡。电信号的通信中,信号中各频率成分在传输中的幅度变化是不相同的,低频成分幅度变化小,反之则大,这不利于信号的接收,需要加幅度均衡装置。但光纤通信的运用频率内,光纤对每一频率的损耗是相同的,故不需要幅度均衡。

除上述优点外,光纤通信的优点还有:线径细、重量轻、保密性强、节约有色金属、抗化学腐蚀等。缺点是光纤质地脆、机械强度低、连接技术要求高,分路、耦合比较麻烦。但随着技术的发展,上述缺点在逐渐改进与克服中。

过去,光纤价格高,在配网中较少使用。当前,光纤已有较好的性能价格比,因此光纤通信网在配电网中的运用不断扩展。

(5)现场总线及以太网通信

这是当今主要用于变电站、调度端内部设备之间的通信方式,其信号传输媒介可以是光纤或电缆,通信过程参见第3章。

此外,配电网中还有主要用作负荷控制的音频控制、工频控制通信方式。

2.3.3　配电网自动化通信系统的组成

对于一个具体的配电网,应根据实情确定其通信网络。图2.8给出一个假想的配电网及其可能使用的多种通信方式的示意图,该图只表示了一种可能形式的配置,而不是一种典型配置。

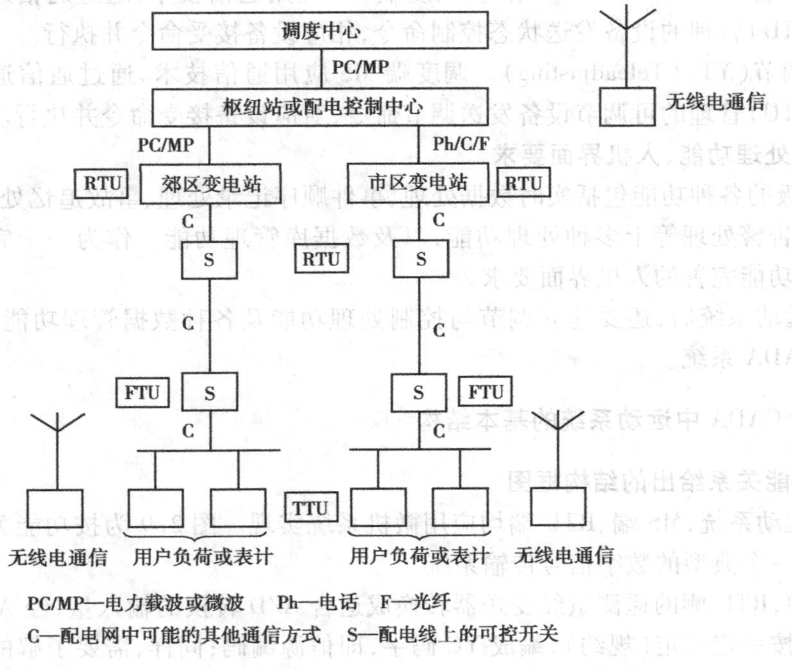

图2.8　配电网的多种通信方式示意图

2.4 SCADA 的基本概念

电力系统中,调度端与厂、站之间必有 SCADA 级功能,为此必须用专门的信道不失真地远距离传送采集到的信号或命令信号,接收端还原信号,并进行相应功能处理。采集、发送与接收信号部分构成一个远方数据信息传输系统,即远动系统。而 SCADA 系统就是远动系统与各种数据处理、人机界面要求等功能系统的总称。显然,远动系统是 SCADA 的核心内容。

2.4.1 SCADA 的基本功能

(1)数据的收集与监控(远动功能)

1)遥远测量(YC)(Telemetering)。将远方厂、站需要测量的被测量,应用 RTU(或 FTU)中的微机采样并预处理后,利用通信技术经通信道送到调度端的 MS,储存并显示。遥测量包括母线电压,功率、线路电流、功率、主变有功、无功、油温、频率及一些需要了解的非电量等各种模拟量。根据被测信息的重要性,可将 YC 量分为重要遥测、次要遥测、一般遥测。

2)遥远信号(YX)(Telesigmat, Teleindication)。将远方厂、站的设备运行状态信号、保护信号、应用 RTU(或 FTU)采集后,运用通信技术经通信道送到调度端的 MS,储存并显示。

3)遥远控制(YK)(Teleswitching)。调度端 MS 应用通信技术,通过通信道对远方厂站的 RTU(或 FTU)管理的设备发送状态控制命令,相应设备接受命令并执行。

4)遥远调节(YT)(Teleadjusting)。调度端 MS 应用通信技术、通过通信道对远方厂站的 RTU(或 FTU)管理的可调节设备发送调节命令,对应设备接受命令并执行。

(2)各种处理功能、人机界面要求

SCADA 级的各种功能包括实时数据处理、事件顺序记录处理、事故追忆处理、网络作色处理、报表及告警处理等十多种处理功能,以及数据库管理功能。作为一个完整的功能系统,还必须有功能完善的人机界面要求。

在建立远动系统后,还要建立调节与控制处理功能及各种数据管理功能,才能构成功能完备的 SCADA 系统。

2.4.2 SCADA 中远动系统的基本结构

(1)按功能关系给出的结构框图

当今的远动系统,MS 端、RTU 端均应用微机系统实现。图 2.9 为按功能关系给出的结构框图,这是一个典型的数字信号传输系统。

图 2.9 中,RTU 侧的遥测量经变送器转换成适合 A/D 转换的输入量,经 A/D 转换为二进制数码后,按一定规定(规约),编成 YC 码字,即信源编码;同样,需要了解的遥信量收集后按规约规定,编成 YX 码字。为防止通信道的干扰,还应将 YC,YX 码字再进行抗干扰编码,即前述的信道编码。之后,经串行接口电路送到调制器,将已编好的 YC,YX 抗干扰码变换成适合通信道传送的方式。例如,调制器是将 YC,YX 脉冲信号经 FSK 方式或 PSK 方

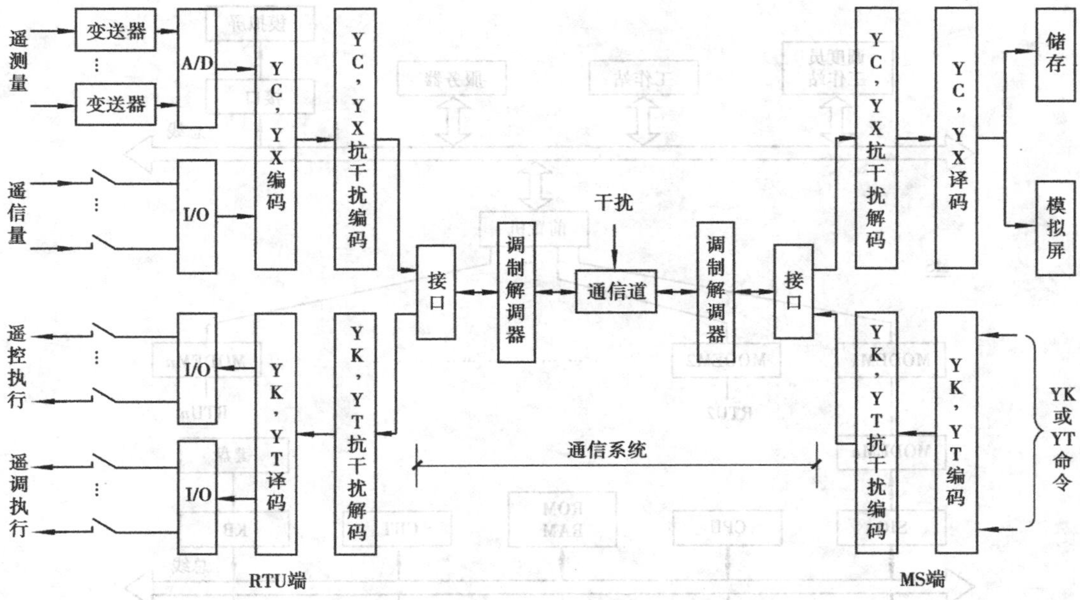

图2.9　运动装置的功能结构框图

式调制后送入载波通道。载波信号经通信道送到MS端的解调器，解调器将高频率远动信号还原为YC，YX脉冲数字信号，经过抗干扰解码、YC，YX译码，再经接口电路送到模拟屏显示和储存。

MS端要对RTU端的某个可控设备控制（投入或切除）或对某一可调设备（最常见是带负荷调压变压器）要进行调节时则发送相应的YK或YT命令。YK或YT命令同样要经编码、调制才能送出，RTU端解调，解码、译码还原命令信号后，对应设备执行命令。

（2）微机远动系统硬件结构框图

图2.10为远动结构框图。图的上半部为MS端，实为地区调度站的调度自动化的部分硬件系统。各台微机接于总线。MS专门用一台微机作为前置机，对各RTU传来的信息进行预处理后，再将处理后的信息经总线送到服务器储存或工作站应用。

RTU为一工作于实时状态下的工控机。各工作模块接于机内总线上。图中，KB为键盘模块，PA为电能脉冲量（数字量）采集模块。重动继电器、隔离继电器将高压直流回路与RTU隔离。当前，若干新型RTU已采用光电隔离元件代替重动继电器、隔离继电器。若YT输出量为模拟量时，输出回路应加接D/A构成。

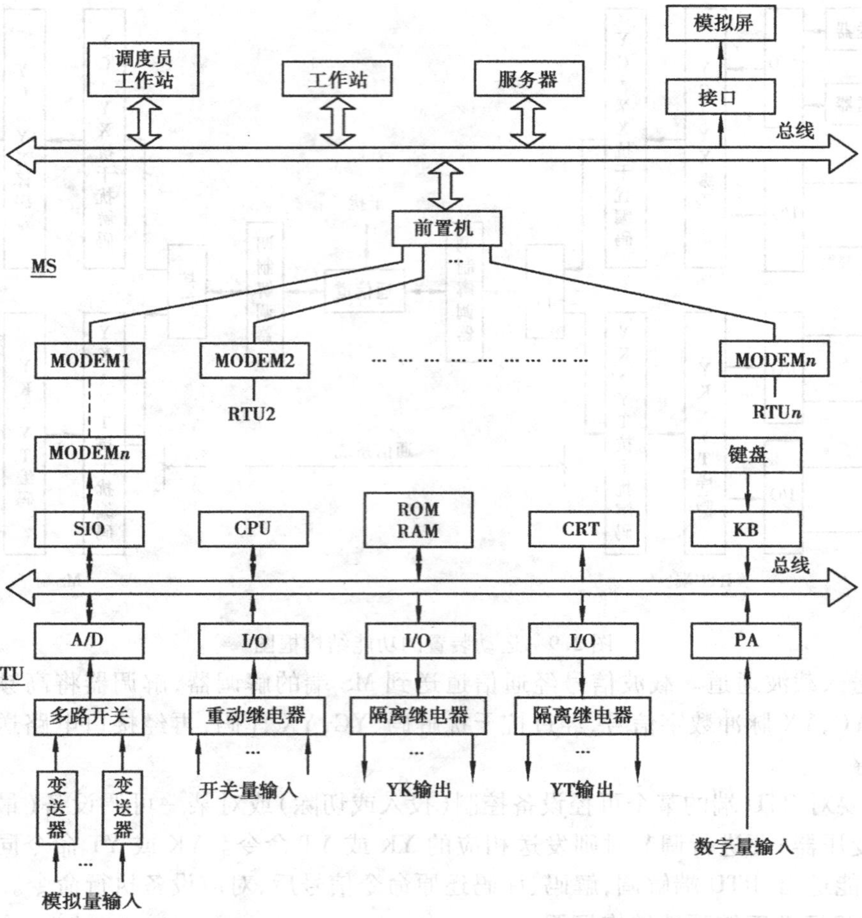

图 2.10 远动系统结构框图

2.4.3 抗干扰编码的基本概念

带有信息的信号在传输过程中,总是会受到不同程度的干扰。干扰造成的差错,会使信号失真,解读出的信息错误,为此,必须提高需要传送信号的抗干扰能力。在通信技术中,是在需要传送的信号上,加上信道编码,即增加抗干扰编码。接收端将收到的含有抗干扰编码的信号根据相应的解码技术还原。根据采用的抗干扰技术,检出其是否出错,或者给定范围内自动纠错。由于给出的抗干扰码部分并不携带需要传送的信息,故称为冗余校验码。抗干扰码的编码、解码理论与技术称为差错检测理论与技术。

差错检测在单台计算机、计算机网络、各种通信系统中都得到应用,方法较多。本节给出差错检测基本概念及远动系统中常用到的抗干扰码编码解码方法的概念。

(1)抗干扰码的抗干扰原理、奇偶校验码

1)一组二进制脉冲(每一位称为一个码元),由 n 个码元以全组合方式构成码字时,可以构成 2^n 个码字。若这 2^n 个码字均认可为许用码字,则当任一码字中,任一码元因干扰而变化

(1 变 0 或 0 变 1)，其变化后仍为许用码字，故接收时，将错误地认为发送的就是出错的码字。即全组合方式构成的码字不具有抗干扰能力。

若按一定方式，只取长度为 n 的部分码元组合为许用码字，另一部分则为无用码字。在传输许用码字时，若因干扰，许用码字变成无用码字，接收端解码后，不予认可，这即是检错；当在一定出错范围内，将出错后形成的无用码字按一定数学方法还原为某一许用码字，称为纠错。若受干扰后，可能是多个码元同时出错，以致原来传送的许用码字可能恰好变成另一个许用码字，接收解码后，并不能识别这种错误。可见差错检测技术只能在一定错误范围内实现检错或纠错。

2)奇偶校验码是最简单的一种具有检错功能的抗干扰编码。在奇偶校验码的基础上，引申出水平(横向)一致监督码，垂直(纵向)一致监督码。

奇偶校验码是对长度为 n 的码字取 2^{n-1} 个组合作为许用码字，另一半 2^{n-1} 个组合则为无用码字。

假设一个长为 n 的码字写为 $C=(C_{n-1},C_{n-2},\cdots,C_1,C_0)$，$C_{n-1},\cdots,C_0$ 分别为最高位码元至最低位码元，取值只为 1 或 0。则有

$$\left.\begin{array}{ll}\text{奇校验} & C_{n-1}\oplus C_{n-1}\oplus\cdots\oplus C_1\oplus C_0=1\quad(\bmod\ 2)\\ \text{偶校验} & C_{n-1}\oplus C_{n-1}\oplus\cdots\oplus C_1\oplus C_0=0\quad(\bmod\ 2)\end{array}\right\}\tag{2.1}$$

C_0 称为校验位。显然

$$\left.\begin{array}{ll}\text{奇校验} & C_0=C_{n-1}\oplus C_{n-1}\oplus\cdots\oplus C_1\oplus 1\quad(\bmod\ 2)\\ \text{偶校验} & C_0=C_{n-1}\oplus C_{n-1}\oplus\cdots\oplus C_1\oplus 0\quad(\bmod\ 2)\end{array}\right\}\tag{2.2}$$

在计算机中，C_0 是 C_{n-1} 至 C_1 的模 2 累加，若是采用奇校验则最后对 1 再作模 2 加，其结果即为 C_0；若是偶校验，模 2 加进行到 C_1 时，其结果即为 C_0。

以 $n=4$ 进行奇校验的码字为例来说明。由于 $n=4$，故有 $2^4=16$ 个可能码字，现采用奇校验，许用码字共有 $2^{4-1}=8$ 个，带信息的信号为 000,001,010,011,100,101,110,111。加上奇校验位 C_0，则为 0001,0010,0100,0111,1000,1011,1101,1110，C_0 是不带信息的。奇校验时，丢掉了 2^4 中 0000,0011,…,1111 等 8 个无用码字。当许用码字发生奇数个码元错误时，许用码字将变成无用码字，接收端拒收。当某一许用码字发生偶数个码元错误时，该码字将变为对偶的另一许有码字，而被接收。当采用偶校验时，许用码字是对应奇校验的无用码字，其检错功能与奇校验是对偶相似的。

奇偶校验方式只能检出奇数个错码，且不能纠错。上述 $n=4$ 的奇偶校验码字，可以写成 $C(4,3)$，表示 $n=4$，有信息的码元是前三位，校验位 C_0 是一位冗余校验位。

(2)分组码的概念

分组码可用 $C(n,k)$ 表示。C 为码字简写，k 表示带有信息的码元位数，n 为码字长度，即码字的总码元数。而 $r=n-k$ 位称为监督码元的位数。这 r 位码元不带信息，即冗余校验码元。当这 r 位码元均由 k 位信息码元通过规定的算法运算得出时，这种分组码称为线性分组码。前述的奇偶校验码显然是一种线性分组码。

(3)循环码及其校验方法

1)可供作远动系统构成抗干扰码的方法有多种，主要为线性分组码中的循环码。这种码的特点是：一个由 n 个码元组成的循环码，其右或左循环移位后，仍是一个码字。即：C_{n-1}，

$C_{n-2},\cdots,C_1,C_0$ 若是码字，则 $C_0,C_1,\cdots,C_{n-2},C_{n-1}$ 也是码字，等等。

一个循环码可用图 2.11 表示。

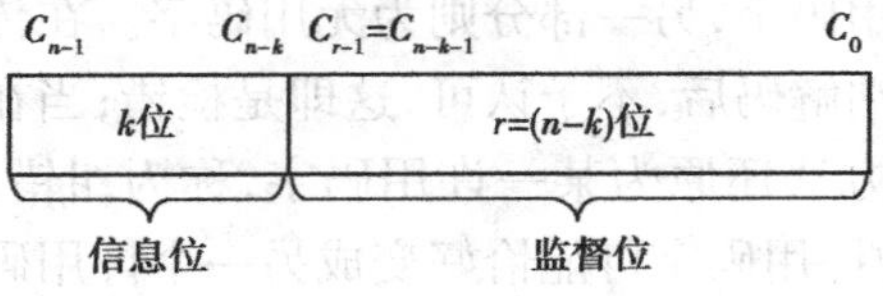

图 2.11　循环码格式

2）循环码的监督码元产生方法。n 位循环码的由高位到低位码元中，前面 k 位是信息码元，后面 r 位是监督码元。信息码元是已知的，r 位监督码元产生方法如下：

先将 k 位信息码写成码多项式形式，为 $M(X)$。

$M(X)=C_{k-1}X^{k-1}+C_{k-2}X^{k-2}+\cdots+C_1X+C_0$，系数 C_i 即信息码元取值，只为 1 或 0，而 X^i 表示该 C_i 所在的位置，例如 X^{n-1} 为最高位，X^i 为第 $i+1$ 位等。设有一个 $(n,k)=(7,3)$ 的循环码，$k=3$，则 $M(X)=C_2X^2+C_1X+C_0$，信息字为 001～111（000 不用），共 7 个。有信息为 110 时，对应 $M(X)=X^2+X$。

第二步是将 $M(X)$ 搬到 (n,k) 的前面 k 位，即对 $M(X)$ 乘上 X^{n-k}，有：

$$\begin{aligned}X^{n-k}\cdot M(X)&=X^{n-k}(C_{k-1}X^{k-1}+C_{k-2}X^{k-2}+\cdots+C_1X+C_0)\\&=C_{k-1}X^{n-1}+C_{k-2}X^{n-2}+\cdots+C_1X^{n-k+1}+C_0X^{n-k}\end{aligned}\tag{2.3}$$

例如：$M(X)=X^2+X,X^{n-k}=X^{7-3}=X^4$

则 $X^{n-k}\cdot M(X)=X^6+X^5$，

这样，就可以使产生的监督码元自动生成在后面的 r 位。

第三步，根据要求的检错或纠错要求，按有关的数学原理，选择一个码多项式 $g(X)$，$g(X)$ 称为码生成多项式，它是一个特别的 $n-k$ 次码多项式。则有监督码元的码多项式 $r(X)=\dfrac{X^{n-k}\cdot M(X)}{g(X)}$的余式。

例如，对于要求的 (7,3) 码，$g(X)=X^4+X^3+X^2+1$，

若信息码为 110，则 $X^{n-k}\cdot M(X)=X^6+X^5$

$r(X)=\dfrac{X^{n-k}\cdot M(X)}{g(X)}$（余式）$=X^3+1$

即此时的监督码元为：1001。

第四步，组成一个抗干扰码：$C(X)=X^{n-k}M(X)+r(X)$

上例有：$C(X)=X^6+X^5+X^3+1$，对应 $C=1101001$。因为 $k=3$，可能的信息码只能是 $2^3-1=7$ 个，而 7 个码元可能的组合数为 $2^7-1=127$。可见，为了达到检错或纠错目的，此时，是从 127 个组合中取出 7 个作为许用码字。

3）检验方法。因产生的抗干扰码为

$$C(X)=X^{n-k}M(X)+r(X)\tag{2.4}$$

$\dfrac{C(X)}{g(X)}$必能整除（模 2 除法），即余式为 0。

故有检验方法如下：

发送端发送 $C(X)$，接收端因通道干扰，而为

$$C'(X)=C(X)+E(X)\tag{2.5}$$

$E(X)$ 为干扰信号，用码多项式表示。接收端设置生成多项式 $g(X)$，则有：

$$S(X)=C'(X)\pmod{g(X)}\tag{2.6}$$

$S(X)$称为伴随式。

显然 $S(X)=[C(X)+E(X)](\bmod\ g(X))$

若 $S(X)=0$,表示接收的是正确信号。

若 $S(X)\neq 0$,表示接收的是错误信号(检错),分析 $S(X)$,在一定范围内可以纠错。

现在的远动系统通常采用称为 BCH 码的循环码。对此,不再介绍。

2.5　RTU 的信息采集

远动系统中 YC,YX 的信号输入回路即其信息采集回路,有其共通性:YC,YX 的信息采集在 RTU 端完成。

YC,YX 的输入信号有三类:被测的模拟量、设备的状态量及数字量。当今的电能计量及某些需要观测的非电量,例如水电厂的水位均是以数字量方式输入 RTU。

下面从远动系统角度介绍各信号输入回路。

2.5.1　状态量及数字量的输入

(1)状态量(开关量)

1)远动系统中的状态量是指设备运行的开或停状态,投入、切除状态,动作、非动作状态。因此,状态量就是开关量,一位二进制数就可以表示某一设备的状态。

一次设备的状态是由控制它的断路器、隔离开关的辅助接点提供这一信息。它们也是断路器、隔离开关本身的状态量。

2)状态量的输入均采用并行方式,即一个 8 位输入接口可并行接收 8 个设备的状态量输入回路。为避免直流高压的入侵及干扰,输入回路需要与后面的工控机隔离,如图 2.9 所示。

由于断路器的合、分过程不是瞬时完成,故状态信号的转换应对应地加上延时,以免在状态正在变换的过渡状态时给出不明确信号。

(2)数字量(脉冲累计量)

远动系统中的一类输入为串行的数字量,或称脉冲累计量。现在主要是作为电能计量的输入方式,这包括需要传送的有功电能量与无功电能量。电能量可以由对应的有功功率、无功功率进行积分累计,或专门的电能计量装置在送端、受端分别计量。当采用脉冲式电能计量方法时,就可以以串行方式传送脉冲累计量表示的电能计量值。

2.5.2　模拟量的采集

(1)变送器

远动系统中,需要传送的 YC 被测量都是模拟量。模拟量可分电压、电流、功率等电量和温度、压力等非电量两类。

计算机是通过 A/D 转换,将被测模拟量转换为数字量。A/D 均采用电压输入,其量程即输入模拟电压范围,可分为单极性量程:0 ~ 5 V,0 ~ 10 V,0 ~ 20 V;双极性量程:-2.50 ~ 2.5 V,-5 ~ 5 V,-10 ~ 10 V。因此,被测模拟量值应首先线性地转换为在选用的 A/D 的量程范围内的值。对于电量,是通过相应的电量变换器,如电压变送器、电流变送器等,将被测量转换成适配 A/D 输入的电压量。而非电量则首先是通过称为传感器的器件,将非电量转换成弱电量(几毫伏至几十毫伏,或毫安级电流值)或变换成电阻值或电容值的变化量,弱电量或变化的阻、容值再经专门放大变换器,输出与 A/D 相适配的值。

为便于表达,可将传感器及相应的放大变换器件也称为变送器。变送器的输出可为直流电压或直流电流值。当为直流电流值时,输入到 A/D 输入端口前应线性地变换为直流电压值。故进入 A/D 变换的仍是直流电压值。

(2)A/D 转换及其通道

RTU 需要传送的 YC 量不止一个,而是多个。但通常 A/D 转换器只是一个,因此,可能采用的输入通道有以下两种形式(见图 2.12)。

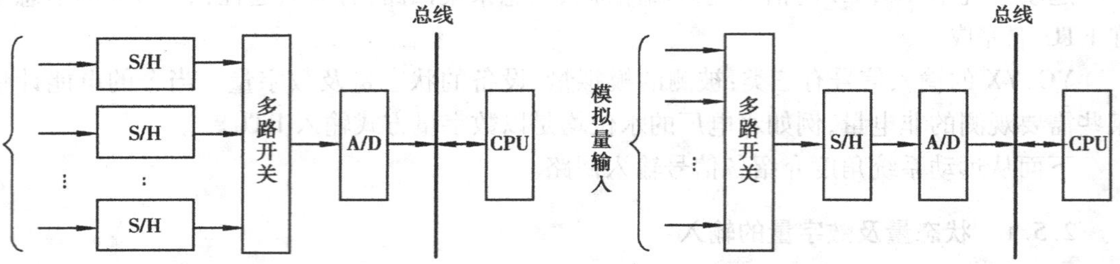

(a)多通道共享A/D转换　　(b)多通道共享采样保持与A/D转换

图 2.12　A/D 通道的两种结构形式

由于被测量是几路甚至更多路,运用一个 A/D 转换时,各路只能轮流切换占有 A/D,用多路开关来实现这种轮流切换。一般为 8 对 1 形式,即一个多路开关可轮流切换八个模拟通道。每一个多路开关均有其地址,由 CPU 进行控制。

S/H 为采样保持器,A/D 对每一个模拟量进行转换(即采样过程)时,输入信号在这个时间段内保持不变。这一电路的保持作用对系统精度影响很大,尤其是对变化较快的模拟信号影响更大。

A/D 转换有三种原理实现,即双斜率积分型、逐次逼近式与并行式。积分型精度高、速度慢,抗干扰能力强;逐次逼近式的精度较高,转换速度较快,而且转换时间是固定的;并行式的转换速度最快。一般的逐次逼近式转换时间在几十个微秒内,适合远动系统使用。

图 2.12 给出的通道结构中,输入的模拟量均是经变送器后的输出量。图 2.12(a)方式中,各路模拟量均有各自的 S/H,因此,S/H 的捕捉时间可以忽略。各模拟量被采样时,认为是同时的。

图 12.2(b)采用了公用的 S/H,节省硬件。因此,在启动 A/D 转换之前,必须考虑 S/H 的捕捉时间,只有当 S/H 中的保持电容的充放电过渡过程结束后才允许启动 A/D 转换电路,因而速度较图(a)所示结构慢。多路开关中各个通道的模拟量并不是以同一时刻的量被采集。故当有多个被测量要测量,采用图(b)结构时,应注意这种不同时性应在允许范围内。

(3)被测量的限值及死区的概念

每个被观测的模拟量都有规定的限值。以新定值或给定值作为标准,则每一个被观测量均可设定上下限报警值、警告值(预警值)及零值与死区,如图 2.13 所示。

1)上下限报警值:说明被测量已越过正常运行范围而报警,此时必须进行人工或自动干预,尽可能使被测量对应的运行恢复或作其他相应处理。

2)上下限警告值:提醒运行人员,该被测量已越过允许正常运行范围,应采取相应调控措施。

3)零值与死区:零值表明被测量对应的状态与给定值或额定值相同。而死区的设置表明,当被监测值进入设定死区范围,均认为被测量为零值。死区的设置是必要的,因为实际运行状态下,被测量始终是波动的,故若不设定死区,则被测量在零值附近的任何微小波动,均被视为是被测量的更新值,遥测信息也将不停变动其结果,这往往是没有必要的,甚至可能引发不必要的事件处理过程。为此,设置一定死区,方便监测。

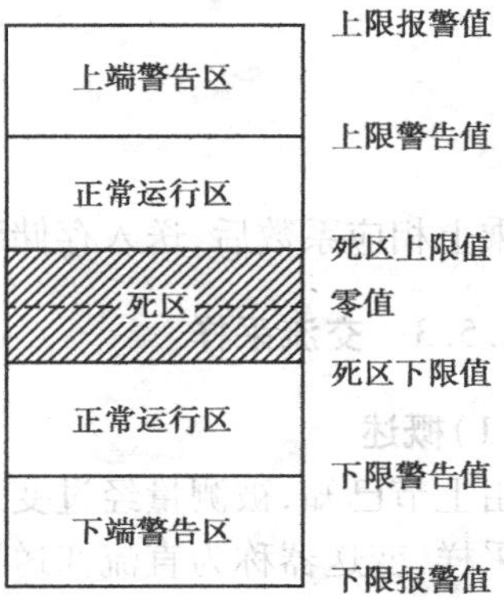

图 2.13　被测量的限值与死区示意图

每一个被测量的越限警告值、报警值及死区上下限,可根据被测量的性质确定。且越限报警应有时延,即,只当越限连续时间超过给定时延,才算真正越限给出报警,以避开短时超限的无必要报警。

(4)**标度变换**

1)A/D 转换电路确定后,则任一被测量均应转换到相应量程内,因而可能出现完全不同的两个被测量,经 A/D 转换后,得到相同的转换结果,例如图 2.14 所示的一个电压和两个电流量的 A/D 变换过程。TV 变比为10/0.1,电流互感器的变流比分别为 100/5,200/5。A/D 的分辨率为 8 位,量程为 0 ~ 5 V。设三个被测量分别为 10 kV,100 A,100 A,对应的 A/D 输出分别为 FFH,FFH,7FH。计算机不能识别被测量的真实值,为使计算机能识别变换后的量为原来的被测量,应在 A/D 转换后乘以一个系数,称为标度变换。

2)标度变换的方法是将 A/D 转换结果乘以一个变换系数 S。

$$S = \frac{\text{模拟量满量程值}}{\text{满量程对应数字值}} \tag{2.7}$$

式(2.7)的含意是:A/D 转换后,数字量的最低位相当于多大的被测量真实值。对应图 2.14有:

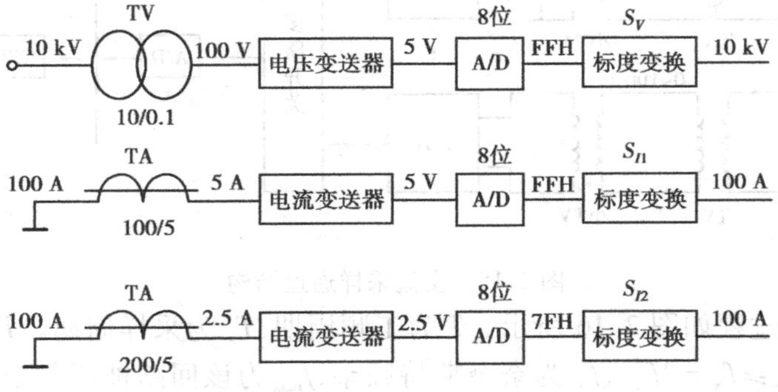

图 2.14　采样过程的示意说明图

$$S_V = \frac{10}{256} = 39.062\ 5\ \text{V/LSB}$$

$$S_{I_1}=\frac{100}{256}=0.390\ 625\ \text{A/LSB}$$

$$S_{I_2}=\frac{200}{256}=0.781\ 25\ \text{A/LSB}$$

乘上相应系数后，送入存储已还原了的被测量对应的数字值。

2.5.3 交流采样

(1)概述

由上节已知，被测量经过变送器后，输出的是直流电压。A/D 对这一直流电压采样，称为直流采样，变送器称为直流变送器。

直流采样的优点是采样程序简单，抗干扰能力强，当 A/D 转换和采用的变送器确定后，测量精度被确定，运行经验丰富。但直流采样的变送器要经过滤波环节，时间常数较大，且要装设数量较多的电量变送器。

20 世纪 70 年代末开始出现交流采样，到 90 年代已成熟。

交流采样是指直接对交流电流、电压波形进行采样，因此，可以对被测电量的波形进行分析，实时性好。且有功功率，无功功率可通过采取的 u,i 值进行计算求得，并可以进行谐波分析。交流采样只采用小型电流互感器、小型电压互感器，将 TA，TV 二次侧的 0 ~ 5 A，0 ~ 100 V 变换为峰—峰值在 A/D 量测范围内的交流电压值。由于小型互感器体积较小，故远动装置采用交流采样时，可以不用。但交流采样对采样速度要求比直流采样高得多。

交流采样是以一个工频周期内采集若干点来得到完整的信息。然后通过软件算法进行计算。

(2)采样过程

交流采样的通道结构如图 2.15 所示，假设每路被测量各自有其 S/H，交流电流的 TA 副边接入电阻 R，以取得需要的电压值。

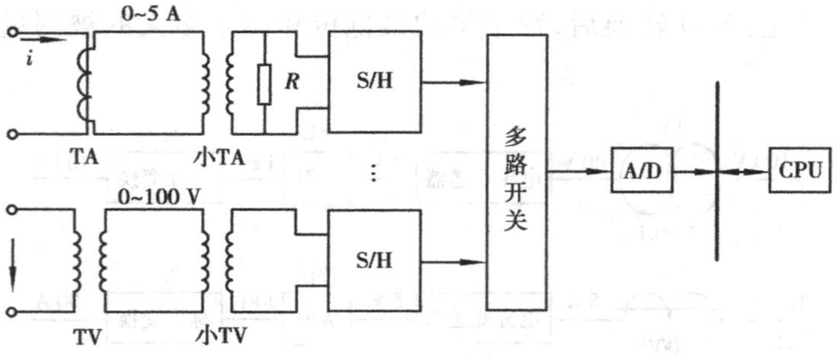

图 2.15 交流采样通道结构

每一路的采样过程如图 2.16 所示。T 为工频周期，T_s 为采样周期。T_s 的选取应满足采样定理，即 $1/T_s=f_s \geq f_N=2f_{max}$，$f_N$ 为奈奎斯特频率，f_{max} 为该回路被测量中含有的最高频率。若各回路的 f_{max} 不同时，应取最大的 f_{max} 来确定。对于交流电压、电流的采样，要求 $f_s>f_N$。为使各路的 f_s 相同，设每一路被测量在采样时刻到来时，从采样到 A/D 转换完毕的时间为 t_c，即信号脉冲宽度。设共有 C 路被测量，则根据时分复用概念，还应要求 $T_s \geq Ct_c$。

(3)**测量值的计算**

1)设每一个工频周期对每一个被测量采样 N 点,则电流、电压有效值分别为:

$$I = \sqrt{\frac{1}{T}\int_T^y i^2(t)\,dt} \approx \sqrt{\frac{1}{N}\sum_{n=1}^{N} i^2(n)} \qquad (2.8)$$

$$U = \sqrt{\frac{1}{T}\int_T^y u^2(t)\,dt} \approx \sqrt{\frac{1}{N}\sum_{n=1}^{N} u^2(n)} \qquad (2.9)$$

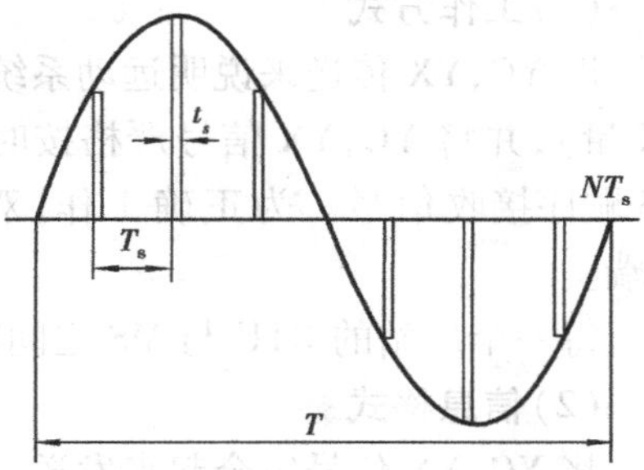

图2.16　采样过程

式中,$i(n)$,$u(n)$为分别对应第 n 点的电流、电压采样值。

$N \geq 2L_i$(或 $2L_u$),$L_i(L_u)$为电流(电压)信号中的最高谐波次数(或需考虑到的最高谐波次数),一般取 $L_i = L_u = L$。

2)有功功率、无功功率计算

单相有功功率:$P_A = \dfrac{1}{N}\sum_{n=1}^{N} u(n)i(n)$ (2.10)

三相有功功率:$P = P_A + P_B + P_c$ (2.11)

三相视在功率:$S = 3U_P I_P = \sqrt{3}U_l I_l$($P$—相,$l$—线)

三相无功功率:$Q = \sqrt{S^2 - P^2}$

3)利用离散傅里叶变换,可以求出次数在 $L_i(L_u)$ 及以下的谐波电流(电压)值。

(4)**工频锁相的概念**

上述每工频周期采样 N 次是以工频波从0°开始计算,将一个周波等分为 N 个时刻。例如 $N = 16$,则当 $f_e = 50$ Hz 时,采样周期 $T_s = \dfrac{20}{16} = 1.25$ ms。

由于真实频率是变动的,要保证 N 个时刻是均等的,则必须有一识别波形过零的电路,并以此作为计算 N 开始的时刻,即按实际的频率求出实际的 T_s。有关的硬件电路及识别计算软件称为工频锁相。这是保证交流采样减少采样误差的重要手段之一。

2.6　远动装置的分类及其规约

当今的远动装置有多种分类方法。按 RTU 的体系结构,可分为集中式与分布式。较通行的划分方法,是按信号传送时应遵循的规则,即按通信规约划分,可分为三大类,即问答式、循环式、分布网络式。

国内远动主要采用循环式(CDT)、问答式(polling)规约。除了我国自行规定的 CDT, polling规约外,近年,随着引进设备引入了一些国外的 CDT 及 polling 规约,其基本构成原理是相同的。分布网络(DNP)是由分布式网络的概念扩展形成,近年才由国外引入。

本节介绍 CDT,polling 规约的一般性原理、原则,并概略说明 DNP 规约。

2.6.1　循环式远动(Cyclic Data Transmission—CDT)

循环式规约的远动在我国电力系统中应用很广,目前在地区级电网中使用仍很普遍。

(1)**工作方式**

以 YC,YX 传送来说明远动系统工作。RTU 为主动端,以固定方式周期地采集数据(YC,YX 量),并将 YC,YX 信号严格按时间划分成一定规格形式,向调度端 MS 发送且循环进行,MS 顺序接收信号。为正确工作,双方必须严格同步工作。当进行 YK,YT 时,MS 则为主动端。

每一个厂站的 RTU 与 MS 之间有专门的固定通信道,但通信道利用率低。

(2)**信息格式**

将 YC,YX 信号组合起来发送的信号排列方式称为信息格式,即信源编码。CDT 规定将 YC,YX 信号按点、帧方式组成并传送。

将二进制码(bit)称为步,若干步组成一个点(称为字或码字),一个字构成一个完整的信息。例如,一个要传送的遥测量,就以一个 YC 字表示。若干字组成一帧,一帧信息即是 RTU 需要向 MS 传送的一次完整的 YC,YX 量。

下面,以国内某一种 CDT 文本的规约来说明 CDT 的信息格式,其他文本的格式也基本同所述结构。

1)帧结构。如图 2.17 所示,每帧信息的开始是同步字,之后,顺序为控制字、信息字。一帧信息传送完毕,又开始下帧的传送,如此循环地传送信息。在新的一个循环中,若某一信息内容改变时,该信息字自动修改。

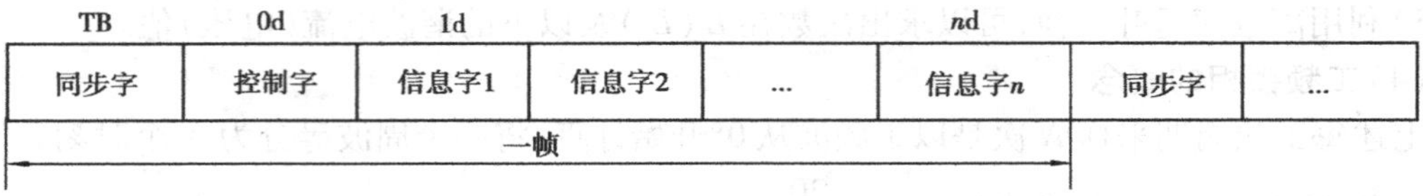

图 2.17　循环式远动的帧结构

2)帧结构的说明。

①同步字:标明一帧信息的开始,以此字来实现帧同步。由于远动信息的发、收是随机开始的,且 RTU 是循环传送信息,故必须给出明确的帧的开始信号,以便接收端识别并正确接收信号。为使发、收两端始终同步工作,故每帧信息开始均加入同步字。

同步字应是易于识别,不易引起假同步、漏同步的特殊码字。当今都选用 EB90H 作为同步字。现在多数远动均以六个字节表示一个字,则同步字就是连续传送 3 次 EB90H。每一个 EB90H 占两个字节,通道中串行发送。由于串行接口 SIO 发送码字是字节的低位先发,高位后发,且两个字节是先发低编号字节,后发高编号字节,于是在 SIO 中,同步字变成 D709H 形式来传送。同步字在 SIO 中的排列如图 2.18 所示。

②控制字:是用来说明本帧的特点,其 6 个字节表述以下内容(见图 2.19)。

控制字及其后的信息字都是(48,40)码字,其最后一个字节是一个校验字节。控制字各字节说明如下:

a. 控制字节。

E(扩展位):

当 E = 0,表本帧格式符合既定规约(符合下述帧类别定义)。

当 E = 1,表本帧类别另行定义,以满足扩展功能。

L(帧长定义位):

图 2.18　同步字排列格式

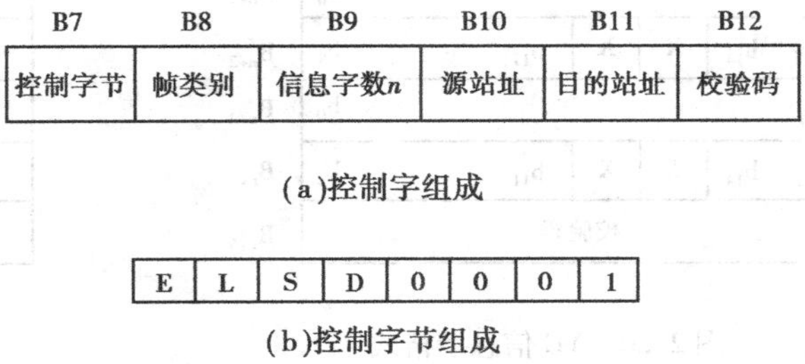

图 2.19　控制字结构

L=0 时,本帧无信息,即 $n=0$。

L=1 时,本帧有信息字,即 $n\geqslant 1$。

S(源站址定义位),S=1 表信息始发站号,站号可为 01H～FFH。

D(目的站址定义位)。

D 与 S 相互配合,体现以下功能:

S,D 在上行与下行时,意义不同。上行指 RTU 向 MS 传送信息,下行则反之。

上行时,S=1,表源站址有内容,B_{10}字节给出 RTU 站号;D=1 表示目的站址字节有内容,B_{11}字节给出 MS 站号(一般用 01H 表示);当 S=0,D=0,则无意义。

下行时,S=1,说明有意义,B_{10}给出主站 MS 站号;D=1,表示有意义,B_{11}给出信息到达的 RTU 站号;D=0 时,B_{11}给出 FFH,所有 RTU 均接收这一命令,并执行。

控制字节的 b_3～b_0 固定发送 0001B。

b. 帧类别。帧类别规定了一组代码,不同代码说明本帧传送信息内容不同。例如,在上行传送时,代码 61H 表示后面要传送的信息字是重要遥测信号(称为 A 帧),代码 C2H 则表示要传送的是次要遥测(B 帧);当下行时,61H,C2H 则分别表示遥控选择、遥控执行命令,等等。

c. 校验码。由抗干扰码原理知,对于一个(48,40)组合码字,其 $r(x)$ 最高次必为 7,生成多项式为 $g(x)=x^8+x^2+x+1$。以 40 位信息码除以 $g(x)$,余式取反得 $r(x)$。这种方式求得的抗干扰码的抗扰能力不变,但能增加发收两端检查失步的能力。

③信息字。包括上行时的 YC,YX 字。除各种被测量及状态量外,还包括事件顺序记录,电能脉冲计数、RTU 站内工作状态等信息。下行则是各种 YK 命令,YT 命令。

仍以 YC,YX 说明信息字组成。

a. 遥测。每个信息字送两个遥测量或同一遥测量重复送一次,其格式见图 2.20。其中 b_0～b_{11}传送一个遥测量。$b_{11}=0$ 时,为正数,$b_{11}=1$ 时为负数,$b_{14}=1$ 表溢出,$b_{15}=1$ 表示数无效,b_{12},b_{13}可为任意值。

功能码在 00H～7FH 中取,不同的功能码说明第 i 及 i+1 这两个遥测量的性质。例如 110 kV 电压,主变有功等。

b. 遥信。遥信字的格式如图 2.21 所示,每个信息字传送两组遥信量(也可以是同一组遥信重复送一次)。故一个信息字可送 32 个状态量(或 16 个状态量)功能码在 F0H～FFH 中取。

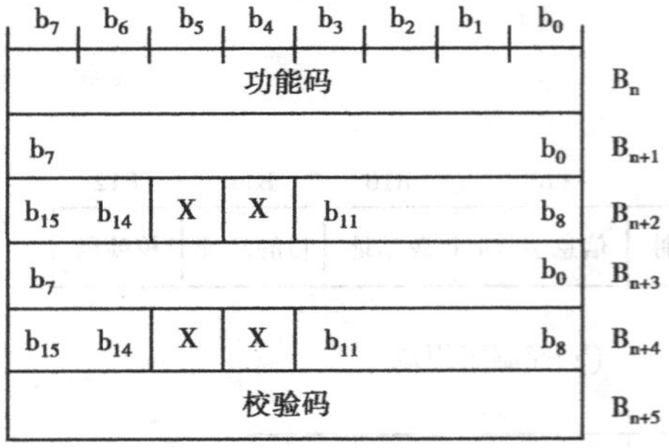

图 2.20　YC 信息字格式

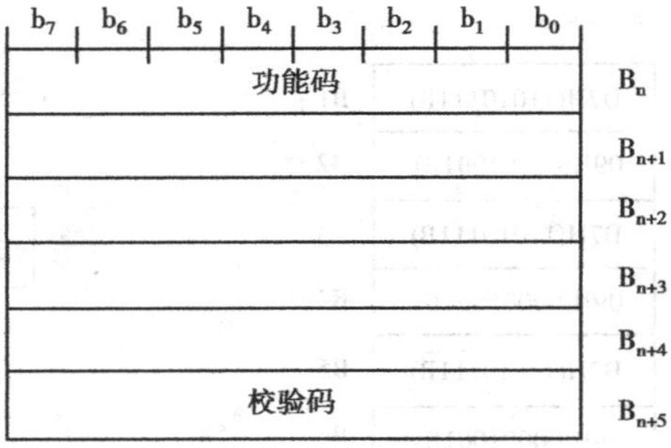

图 2.21　YX 信息字格式

YC,YX 的校验码的构成与控制字的校验码的构成相同。

(3)**CDT 远动的特点**

1)RTU 不断循环上报现场数据,实时性强。

2)CDT 规约采用信息字校验方式,将整帧信息化为若干个信息字。当某个码字出错时,只需丢弃相应的信息字,其他校验正确的信息字仍可正确接收。

1),2)两点表明,CDT 对通道的要求不高,通道质量较差时,也能使用。

3)CDT 采用 YX 优先传送、大大提高了事故、事件传送的相应速度。

4)允许多个 RTU 和多个主站间进行数据传送。

5)因循环传送信息,主站对一般遥测量变化的响应速度慢,且通道必须采用全双工方式。

6)一般不允许多台 RTU 共线连接,RTU 与 MS 之间采用点对点方式连接。

2.6.2　问答式远动(polling)

随着微机远动的广泛应用,问答式规约在我国得到应用、推广。

(1)**工作方式**

问答式远动中,MS 是主动端,RTU 端是从动端,每个 RTU 有一站号,MS 对 RTU 询问,对应 RTU 在接收到 MS 的命令后,必须在规定时间内应答,否则认为本次通信失约。RTU 没有收到 MS 的询问时,不向 MS 主动上报信息。

问答式的信息传输不同于 CDT 方式,它没有帧同步字,而是采用异步方式一个字节一个字节地传送。为了识别字节,在字节的最低位 b_0 前加一起始位,在最高位 b_7 后加一结束位。起始位与结束位由硬件产生,接收端收到后,去掉起始位与结束位,就接收到一个完整字节。若干字节结合成一帧完整的询问或回答的信息。通常问答式将一帧完整信息称为报文。

以某一种 polling 文本说明其报文结构。

(2)**报文格式**

报文格式按询问及回答的不同,分为三类。相应的,其报文的校验码也不同。

第一类,校验码占用两个字节,生成多项式为 $g(x)=x^{16}+x^{15}+x^2+1$,有 MS→RTU 方向及 RTU→MS 方向(见图 2.22 中(a),(b)),这一类型是问答式的主要报文类型。

第二类,校验码只占一个字节,$g(x)=x^7+x^6+x+1$,其余式的 b_7 位,即校验码字节最高位,另行专门产生,是 MS 对 RTU 的特殊询问。报文形式见图 2.22(c),此种类型报文只有

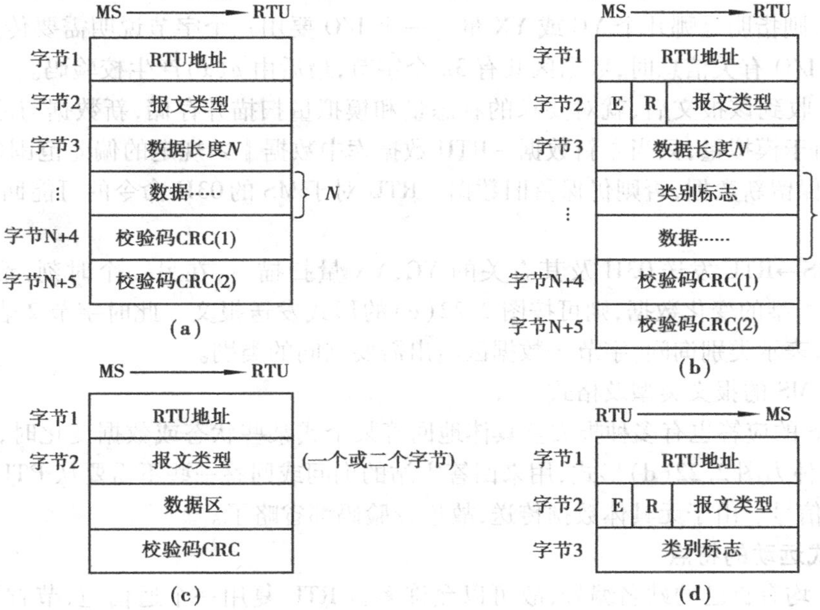

图 2.22　三种报文形式

MS→RTU 方向。

第三类，无校验码，只有 RTU 对 MS 的应答，形式如图 2.22(d)。在报文格式中，RTU 地址用来区别各个厂站。一个 RTU 一个地址，地址范围为 00H～FEH，故可设定 254 个站。FFH 为特殊地址，主站给出 RTU 的地址为 FFH 时，为广播命令，面对全体 RTU。

三类报文形式按上行、下行方式划分为两大类。

1) MS 至 RTU 的报文类型及格式。MS 对 RTU 的报文有两种类型，一类是要 RTU 执行某种命令或任务，另一类则是对 RTU 询问。各种问答式规约中，第一类报文有二十多种类型，如召唤故障模块、发送 I/O 模块工作方式与参数、召唤事件记录、启动/停止 I/O 模块扫描等。第二类只有两种，为类别询问和重复询问。例如，某种规约约定，报文类型码由 01H～2EH，其中，05H，1AH 为询问，举例说明如下：

①例如，主站要求某一 RTU 发送 YC，YX 信息(称为发送 I/O 模块工作方式与参数)，报文格式如图 2.23 所示。03H 表示要求 RTU 的工作方式与参数，即对要求的 YC，YX 量进行检测(扫描)。在 RTU 中，将有关的 YC，YX 数据按电压等级、母线分段，不同主变及出线划分为若干 I/O 模块，每一 I/O 模块有一地址，一个 RTU 可以提供 32 个 I/O 模块，一个 I/O 地址又包括 8 个字地址，一个 YC 量占一个字地址，16 个 YX 量共一个字地址。一个脉冲量表示的电度量占

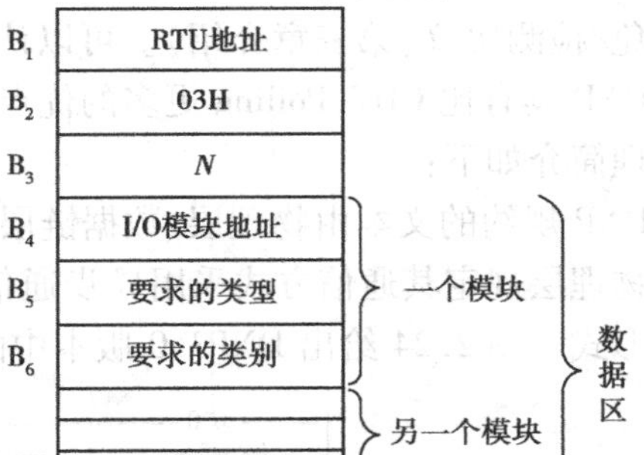

图 2.23　MS 要求 RTU 传送参数的报文格式

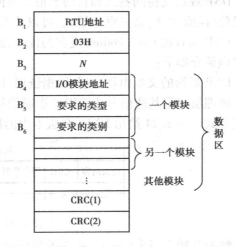

两个字地址。因此，在字节 B_4（见图2.23），给出 I/O 及有关字地址，就可确定要求的 YC，YX 量，字节 B_5，B_6 则指明是哪几个 YC 或 YX 量。一个 I/O 要用三个字节说明需要传送的信息，当要问到 n 个 I/O 有关信息时，数据区共有 $3n$ 个字节，最后由 $g(x)$ 产生校验码。

对应 RTU 收到该报文后，就对要求的状态量和模拟量扫描并存储，新数据与原来存储数据有变化时，对于模拟量，只当 ‖新数据 - RTU 数据库中数据‖ ≥规定的偏差范围（可调节），即大于死区时保留新数据，否则仍保留旧数据。RTU 对于 MS 的 03H 命令的可能回答是确认，或否定确认。

②例如：MS→RTU 发送 03H 及其有关的 YC，YX 量扫描后，在另一个时刻，希望从远方 RTU 收集某些类型的变化数据，则可按图2.22（c）的形式发送报文。此时字节2表示的报文类型给出 05H，表示类别询问，字节3数据区给出需要询问的类别。

2）RTU 至 MS 的报文类型及格式

RTU 对 MS 的应答也有多种报文。具体地回答某个或某些状态或数据变化时，用图2.22（b）形式；另一种为图2.22（d）形式，用来回答主站的询问或回答一些不需要从 RTU 得到具体的信息的应答信号。由于无具体数据传送，故连校验码都省略了。

（3）回答式远动的特点

1）各 RTU 均有自己的站名编号，故可以允许多台 RTU 复用一个通信道，节省了通道，并能适应任意电网结构，且询问应答不同时，可以采用半双工的通道。

2）采用变化信息传送方式，压缩了数据块长度，提高了信息传送速度。

3）由于不允许 RTU 主动上报信息，问答式对事故的响应速度慢。

4）问答式的校验码是在整幅报文传送的末端才加入，一次通信失败则整幅报文丢失，故对通信质量要求较高。

2.6.3 分布网络远动（Distributed Network Protocol—DNP）的概念。

利用计算机局域网的通信方式加上远动通道构成的 DNP 远动系统是一种对等式规约下的远动。它能适应各种结构的网络，规约灵活。

DNP 规约支持问答式和自动上报数据传输方式，并支持分布式网络中应用的通信冲突碰撞避免/检测协议（第三章介绍）。可以认为它具有循环式与问答式远动的优点。

DNP 具有比 CDT，Polling 更多的优点，近年，在配电网内得到重视并开始推出应用。其工作原理简介如下：

DNP 规约的文本由物理层、数据链层、传输层和应用层四部分组成。

物理层规定其通信方式采用异步通信接口及 FSK 调制方式。数据链层即指一帧信息的组成形式。图2.24给出 DNP3.0 版本中的帧格式结构示意图。

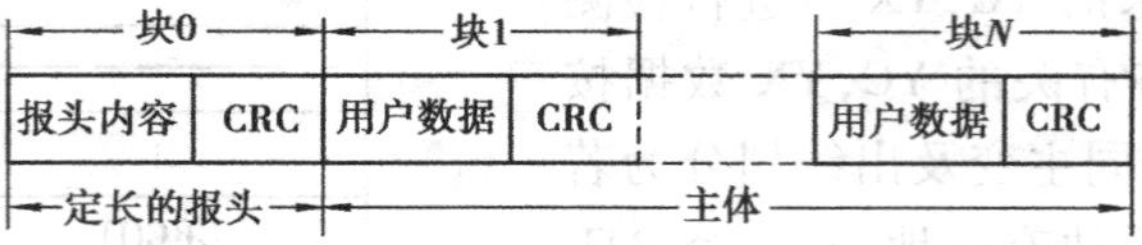

图2.24 DNP 的帧结构

帧的开始为报头（块0），报头的最前面是固定的由两个字节组成的起始字，之后的内容为本帧长度、控制字、目的地址、原地址说明，最后是 CRC 校验码。报头后面则为帧的主体内容，

即 N 个数据块。每个数据块的前部分为数据性质说明及数据，之后，仍为 CRC 校验码，一个数据块由 16 个字节组成。一帧信息传送 255 个字节(包括报头)。当要传送的字节超过 255 字节时，将分成数帧传送。传输层即按此规定进行帧传送。接收端将接收信息去掉冗余检验码后组装。发送端与接收端的应用层在于将要求的“请求”、“询问”及“回应”的数据划分为数十种形式，数据按这些规定组装及解读。

第3章 变电站综合自动化系统

3.1 概　述

3.1.1 变电站综合自动化的意义

本章讨论的变电站综合自动化对配电变电站与输电系统中的大型变电站综合自动化技术均适用。

变电站综合自动化系统是DAS的基础自动化系统之一,没有变电站综合自动化及下一章阐述的馈线自动化,也就谈不上现代意义上的DAS系统。

由于变电站综合自动化可使变电站占地、投资及运行人员减少,可靠性及运行的灵活性、经济性增高,因此,使已建变电站原有传统自动装置向先进的自动化系统过渡,新建变电站直接按先进的自动化系统设计已成必然。

变电站综合自动化已是配电网自动化的系统集成中,最见效益的一个领域。在输电系统中,同样如此。

3.1.2 传统的变电站监控系统

变电站的功能是电力分配、改变电压等级与无功电压调控,其监控功能为保护、计量、控制、信息传输。

传统的监控系统是由安装于大的控制室中的单项自动装置组成。其特点与问题是:各种监测手段各自独立,就地监控与远动系统各自独立。如:保护与测量以及RTU要传送的信息都是独自形成和独立地传递。只有保护动作信号、电度计量的脉冲信号送到RTU。保护定值整定、故障信息收集(录波、测距)都由现场工人进行。而且,控制室的设立,使变电站占地面积加大,仪表数量大;还需要大量电缆将现场TV,TA,跳合闸线圈及位置信号接点一一对应地送至相应的自动装置;安装调试维护工作量也大。

3.1.3　变电站综合自动化

1)随着计算机和通信技术的发展,并应用数字信号处理(DSP)技术,发展了交流采样为基础的微机保护和远动,进而将变电站的保护、故障信息收集,就地监控及远动装置通过网络集成于一体,从而构成当今意义上的变电站综合自动化系统。当今的变电站综合自动化系统是一个面对现场的分布式系统。与传统的监控手段比较,它有以下明显的优点:

①由于是面对现场的分布式系统,改变了传统的二次设备模式、简化了系统、使信息资源共享,可以用较少量的通信电缆来取代传统变电站监控系统所需的大量的远距离通信电缆,同时,可以取消控制室。因而,使用的电缆量、变电站用地量、工程量及变电造价均可减少,安装、调度、维护工作量减少。

②可以通过计算机网络与通信系统经常性地对保护、控制进行自检,并可提供多组保护定值;可直接收集故障信息,因而提高了系统的可靠性、灵活性。

2)变电站自动化均按无人值班原则设计。既提高了劳动生产率,又减少了人为误操作的可能。

因此,上述效益的实现,必须是有可靠的一次设备和可靠的自动化产品,快速可靠的通信系统,并在此基础上,有站内以断路器为单位的单元级(称子站)与变电站级(称主站)的良好配合,以及主站与上级监控系统的良好配合,保证各种信息的正确、实时传送。

应指出:无人值班变电站是变电站的一种管理模式。变电站实现综合自动化,必然能实现无人值班,但能够实现无人值班的变电站不一定均采用当今意义上的综合自动化系统。因为传统的监控如采用的远动具有四遥功能时,变电站也能实现无人值班。

3.2　变电站综合自动化系统功能

变电站实现综合自动化后,能体现出的功能归纳起来,主要有以下几种。

3.2.1　数据采集与处理

这一功能等效于变电站原有的就地监测与供RTU传送的状态量、模拟量及脉冲量。

(1)状态量及采集

状态量指断路器、隔离开关,同期检测等运行状态及变压器分接头位置信号、中央信号(接地、告警)、闭锁信号等。

状态信号经过只作隔离用的中间继电器(或光电隔离方式)的开关量的中断方式输送到子站的测控装置(就地测控单元)。

保护动作信号、断路器变位信号应优先输入与发送。

(2)模拟量采集

模拟量采用交流采样方式采集。

模拟量包括母线电压、线路电流、线路功率、变压器功率等,必要时加入频率量,此外还有直流电源电压与电流、变压器油温等。

同时,模拟量的采集还是微机保护测量环节的需要。由于采用交流采样,可以方便地利用快速傅里叶变换的方法进行谐波监测与分析。

(3)**电能计量**

电能计量有两种方法,在第2章中已作了介绍,即应用脉冲电能计量表输出脉冲,记录脉冲数,并乘上相当于标度变换的系数,可以存储或经RTU传送到MS端;也可由采集的电压、电流值,通过积分运算得到电能量,称为软件计算方法。

3.2.2 微机保护

1)微机保护因其灵活性强、性能稳定、动作正确率高、易获得多种附加功能,性能易改善,可远方监控,可实现智能化等诸多优点,已在系统中广为应用。在实现变电站综合自动化中,微机保护是十分重要的一项功能。在综合自动化系统中,由于继电保护功能的重要性,为保证保护的可靠、准确性,其测量回路一般仍独立设置。由于二次测量器件中可靠性能的提高及抗干扰能力的加强,在满足保护对TV,TA暂态性能的要求下,将数据采集的测量环节与微机保护的测量环节合而为一的方案及产品已开始得到实际应用。

2)微机保护均采用对TV,TA二次侧电压、电流进行交流采样,采样值经数字滤波后,按傅里叶变换处理,可得到供微机保护算法运算的离散基波值与谐波值。根据不同算法,可得到变压器、母线、馈电线、电容器等设备的保护,包括主保护与后备保护。

此外,利用采集的信息,还能记录故障信息,包括故障测距、故障录波。

3)作为综合自动化的重要功能,对应变电站采用的分布式结构,微机保护也采取一个一次电气设备对应一个独立模块的方式工作。每个独立模块是由单片机构成的独立系统。并且具有自启动、自闭锁功能。

综合自动化中的微机保护不仅能就地进行定值修改,还能通过通信道进行远方定值整定,并具有远方/当地闭锁功能。

保护动作信号应能通过通信道传送到变电站的主站。因此,独立的微机保护模块必须有与变电站主站通信的功能。通信功能还包括传送自诊断命令等。

4)一个变电站中,一次设备很多,因此微机保护套数也很多,为方便对微机保护的管理,常在主站下设置专门的保护管理机。

3.2.3 事件记录(SOE)

变电站运行的事件均应存储。这包括保护动作顺序记录(由微机保护产生)、开关跳合闸记录(由监控系统记录)。分辨率(动作顺序中的间隔时间)可根据不同电压等级的要求确定,在1~5 ms内选择。为确保主站或远方监控系统中断时不丢失事件信息,要求微机保护或监控采集环节必须有足够内存,一般要求能存放100个事件顺序记录。

3.2.4 控制与操作闭锁

对于无人值班的变电站,控制是由远方操作人员通过CRT监视下,对断路器、隔离开关等具有开关量的设备进行操作,对主变分接头进行调节控制,对电容器实现投切等。若有人值班时,则通过就地监控系统进行控制操作。

为防止监控系统故障时无法操作被控设备,各种开关设备应保留人工直接跳、合闸手段。在变电站中,应进行操作闭锁,以防止误操作造成事故。操作闭锁内容很多,如断路器、刀闸操作闭锁，带电挂接地线闭锁，误入带电间隔闭锁等。均可用微机闭锁方法达到闭锁目的（当在监控系统上进行控制操作时），此项功能在当前已派生出自动操作票生成系统，进而扩展成智能化自动操作系统。

3.2.5　同期检测和同期合闸

当变电站具有双电源进线而要求考虑同期时，应具有同期检测和同期合闸功能。采用准同期方式，对同期点断路器两侧电压进行比较，满足同期条件时合闸。因为变电站不具有调频手段，通过主变分接头为同期而调压是不允许的，且分接头变动引起的电压是阶梯形变动，故变电站进行同期时，是以等待同期条件符合时，才合同期开关。

3.2.6　电压与无功功率的自动调控

变电站的电压与无功功率的调控是变电站运行中的一项重要功能，通过自动电压无功控制装置，实现自动调控。后面将另作阐述。

3.2.7　低频减载装置

低频减载是电力系统中的一项重要的安全装置。其具体的切负荷回路均安装于变电站中。

低频减载可以是一套专门装置，根据馈电线负荷性质的不同接入低频减载不同的级中。当系统频率下降到相应级的启动频率时，经一定延时后，切除接入该级的馈电线路的负荷，达到最终使频率回升的目的。低频减载也可以分散地装设在每回馈线的保护中，甚至装设在具体的用电设备控制装置中。这种分散装设，实际只装设一个测频回路及延时动作于跳闸的回路，动作频率可调。利用微机保护装置加设这一附加回路是可行的。

在综合自动化中，同样地，要求低频减载装置与主站有通信道。当附加于微机保护时，由保护管理机进行管理。

3.2.8　低压自动减负荷装置

低压自动减负荷装置是近年来才出现在变电站自动化中的一种自动安全装置。由于电压稳定性问题日益突出，即使在配电网，也应注意电压稳定性问题。故在一些重要变电站及电压较易变化的变电站应考虑装设这种安全装置，低压自动减负荷后，使该区域电压回升至安全值。

低压自动减负荷的实施可仿低频减载装置。仍分级（按不同低压值）切负荷，但分级数较少，且该装置只在少数变电站装设。

同样地，该装置可在相关微机保护上加测压分级及延时动作的逻辑回路来实现，且应与变电站的主站有通信联系。

3.2.9　备用电源自投

在重要的变电站中，应考虑备用电源自投功能，不论明备用或暗备用方式，可以通过电压电流测量回路与电源开关量组成相应的控制回路。装置的工作、调整、监测均应通过与主站联系来实施。

3.2.10 数据处理与记录

此处所指数据是指运行中的状态变化量、参数越限等，供上级调度部门和管理、检修部门使用，这些数据主要有：

1)断路器动作次数；

2)断路器切除故障时故障电流和跳闸操作次数累计数；

3)输电线路有功、无功，变压器的有功、无功，母线电压定时记录的最大值、最小值及其出现时间；

4)控制操作及修改保护定值的记录。

以及其他的一些数据，如负荷有功、无功，每天的峰值与谷值及其时间等。

该功能可在变电站当地全部实现(有人值班方式)，也可在远方监控中心或调度中心实现(无人值班方式)。

3.2.11 与调度中心通信

即扩充了的远动功能。在具有遥测、遥信、遥控、遥调的常规远动基础上，扩充保护定值修改(遥调方式的扩大)，遥测功能则加上故障录波、测距信号等。

根据需要，变电站的 RTU 可以有转发，一发多收功能。要求一发多收功能时，各路串口、调制解调器均为独立设置。通信速率 600 ~ 2 400 bps 任选，还可根据需要，作为配电网通信方式中的当地控制器。

为不占用远动信道，修改保护定值和索取故障波形可采用电话拨号方式接通线路，通信规约应符合调度中心要求，符合国标和国际电工协会(IEC)标准。

变电站自动化系统应具有与调度中心对时功能，统一时钟。

3.2.12 人机联系

变电站有人值班时，人机联系在主站上体现；无人值班时，人机联系是在上级监控系统或调度中心的主机或工作站上进行。人机联系的主要内容有：

(1)显示画面、数据及时间

画面包括单线图状态，潮流图、报警画面、事件顺序记录、趋势图、控制系统的配置显示、电压棒图、保护定值等。即系统要求的正常运行，非正常运行需要的图形、图表。

(2)输入数据

包括正常进行、非正常运行状态下，运行人员要进行的数据输入。例如，运行人员代码及密码、密码更改、保护定值修改，控制范围及设定的变化、报警界限、手动/自动设置等。

(3)人工控制操作

包括各种开关设备的操作，保护装置的投入或退出、当地/远方控制的选择、设备运行/检修的设置，控制闭锁与允许、信号复归等。

(4)诊断与维护

包括故障数据记录显示、统计误差显示、诊断检测功能的启动等。

无人值班变电站在检修或巡视中，应具有一定的人机联系功能，以保证现场检修或巡视的需要。检修或巡视通过小屏幕 CRT、检查站内各种状态量和数据。必要时，操作出口回路、变压器分接头等。

3.2.13　自诊断功能

系统内各插件应有自诊断功能，自诊断信息应周期性地送往主站。

综合自动化还有多种管理功能，不再介绍。随着综合自动化的运行，近年，自动化功能还在不断扩展。

3.3　变电站自动化系统的结构

3.3.1　概述

变电站综合自动化系统的结构形式可分为集中式、分散分布式和分布式结构集中组屏三种类型。不论哪种结构，均应能满足上述实现功能的要求。

集中式要求全部信息均由计算机系统集中采集、集中处理（运算、监控等），系统的扩充性与维护性均较差，且系统故障，全站均受影响。变电站的结构未作改变。这种方式现已基本不被采用。

近年变电站综合自动化系统多采用分散分布式结构。这种结构以回路作单元，单元间网络连接用电缆或光缆，构成分散的分布式结构，从而使信号电缆量减少，控制室取消。这种结构的可靠性和抗干扰能力均比集中式强，扩充性、维修性好，改变了变电站的结构，实现前述各优点。这种方式用于高压变电站时，更显出经济上的合理性。

对于中低压电站，一次设备比较集中，分布面不大，干扰也没有高压站大，所用的信号电缆不太长，因而，可以采用分布式结构集中组屏方式。不但保留了分布式的全部优点，而且集中组屏便于设计、安装、维护。

3.3.2　分布式结构中的主站与子站

分散分布式和分布式结构集中组屏这两种方式的综合自动化系统均是分布式。分布式由子站、主站及其间的网络构成。关于子站、主站的概念，上一节已作说明，此处仅作一归纳。

(1)子站

子站为按一次设备为单位构成的自动装置模块。将3.2.2所述功能综合为一个装置，称为保护单元；把测量、控制功能综合为一个装置，称为测控单元或I/O单元，两者统称为间隔级单元。显然一个子站包括一个保护单元和一个I/O单元。

由于每个电气设备均有自己的间隔级单元，因而各设备的监控、保护及自诊断均由其子站来完成。

当今，有将保护单元与I/O单元综合为一体的设计，但这要解决保护与测量共用同一TA后带来的测量误差、抗干扰等问题。

(2)主站

又称中央单元。对于无人值班式变电站，主站就是一个中央通信处理器。主站通过现场总线（例如CAN）同网上任一子站通信，但它本身不设置数据采集系统，而是通过总线收集各子站采集的数据，不需要任何控制执行机构，通过总线可将命令传送到相应子站去执行。因而主站实际上只是一个规约转换器。

主站可以有多个串口，可接入当地维护及设备终端，经 MODEM 和专用通信道或公用电话网与上一级监控中心或调度中心连接通信。

主站还可通过总线对子站提供一些额外的、不要求快速的综合后备保护。

当变电站为有人值班时，在通信处理器上有监控机负责人机接口、制表、打印、越限监视和系统信息管理、建立数据库、开关操作等监控系统的任务。同时，由串口经 MODEM 与上级监控中心或调度中心连接通信。

在大型变电站，主站是一个计算机系统，此时，往往要由计算机局域网（LAN）将该系统形成网络，通过 LAN 实现主站间各计算机的数据交换。

3.3.3　分布式变电站自动化系统结构框图

分布式的变电站自动化系统结构大同小异。图 3.1 给出分布式变电站综合自动化系统结构图，这是一种“面向对象”的自动化系统。对该结构图简要说明如下：

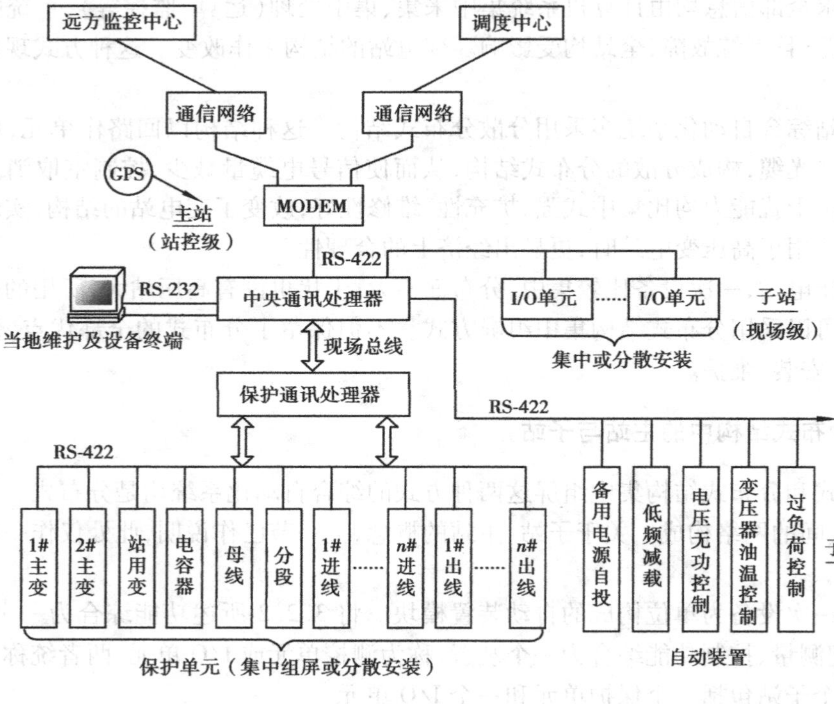

图 3.1　分布式变电站自动化系统结构框图

1）每一个一次电气设备对应一个子站。子站的保护单元和 I/O 单元可以集中组屏或分散安装于对应的主设备柜上，属于全站性的自动化装置，如电压/无功控制，低频减载、低压减载、变压器油温控制等同样可集中组屏或与主设备安装在一起。

2）保护通信处理器（或称保护通信管理器）。变电站中的微机保护装置及自动装置经各自串口、站内通信道与主站的保护通信管理器连接。管理器实为一工控机，设置多个通信接口，可与多个保护及自动装置连接通信，该装置具有以下主要功能。

①同步通信及查询功能。该功能能同步地与所有激活的、与之连接的设备通信，并不断地轮流向接入装置查询。当有保护动作或自检故障时，立即将有关信息上传；上级监控系统对某保护装置有命令传送时，立即转发。这样，上级监控系统只对该处理器查询，而不扫描全部保护单元，使整个系统硬件、软件开销最省。

②信息的筛选传送。处理器对事故发生后由保护单元传来的信息进行筛选，只将调度运行人员关心的信息做成符合规约的格式传送，如保护动作时间、测距结果以遥测量给出；动作元件、自检信息以遥信量给出；信号复归命令以遥控量给出。这样，主站只提供通信点就可得到需要的信息或传送下达的命令。

只要通信信息传送符合给定规约，不同厂家的设备不用修改已有保护软件，就可接入同一监控系统运行，这符合开放系统结构模式。

③实现时钟同步。保护通信处理器对所连接的全部设备每隔数分钟同步对时一次。给出的时钟信号可来自接收到的GPS卫星时钟信号或内部产生。

④处理器有较大的数据缓存区。对需要长期保留的一些信息（如报警、事件报告、负载情况等），采用可选择的非易失性内存保存。供专业人员在事故后把有关资料调出或由处理器主动上传。

保护通信处理器还可能具有更多的功能，如可选择的输入输出功能等。

一个保护通信处理器只能接入一定量的保护单元，例如可接入8个或12个保护单元。当保护单元总数较大时，可以用多个处理器来满足需要。

3）子站的I/O单元经各自串口、现场总线接到主站的中央通信处理器。

4）主站的核心设备为中央通讯处理器（上述的保护通讯处理器通常也纳入主站），此外，还有供就地使用的当地维护及设备终端（后台机）。

如前所述，中央通信处理器是一个智能化的规约转换器，它取代了传统的RTU。由结构图可见，站内各I/O单元、电能计量（脉冲量）单元、各个控制单元及保护通讯等各项任务、上级下达的各种命令及其执行均经过中央通讯处理器转换并传送。主站的后台机供维护及备用或完成其他管理功能使用。

当要求变电站对出线及馈电线FTU具有信息收集、处理、转发功能时，主站应具有相应的远动功能，其中包括遥控功能。

5）变电站中，无功电压自动调控单元、低频减载、低压减载、备用电源自投、变压器油控制等，统称自动装置单元。各单元的硬件为标准的积木式结构，组件灵活，而各专用软件包，以执行相应的功能。

6）中央通信处理器经其MODEM及通信网与上一级监控中心或调度中心相连。中央通信处理器与保护通信管理器以及其他的管理装置实际上构成一个站内通信网。在大型变电站中，由于管理功能多，其通信网相对于中小型变电站将更复杂。

3.4　变电综合自动化系统的通信网络

要实现变电站综合自动化功能，必须在站内有一个工作可靠、抗干扰能力强、传输速率快、灵活性好、适应性好、易于扩展的通信网络，来满足各种信息传递的要求。这种通信网必然是计算机通信网。因此,在变电站的综合自动化系统中,通信网络的构成是一个重要的关键问题。设计变电站综合自动化系统时,对通信网络结构、通信方式的选择应充分注意。

变电站与调度中心之间的通信,在第2章已经阐述。本节对站内通信网络的要求、结构、通信规约作简要阐述。

3.4.1 对通信网络的要求

变电站的通信网络应是可靠的、实时高效的,对其基本要求为:

(1)可靠性高

由于电力生产的连续性和重要性,对通信网络可靠性的要求是第一位的,应尽量避免由于一个器件损坏而导致全站通信中断的可能。

(2)抗干扰能力强

变电站属于电磁污染严重的地区,要求通信网的抗电磁干扰能力强。

(3)合适的快速传输速率是保证实时性的依据

正常运行时,通过通信网采集数据的频繁程度并不很高。一般,整个站一秒钟更新一次数据已能满足要求。在发生事故时,则要求记录并保存大量暂态信息,因此,对于数据传输速率,根据实时性需要,都有一定指标规定。

(4)要求网络组态灵活,可扩展性好,适应分布式结构,易维护

按分布式结构设计的变电站,具有扩展性好、组态灵活等特点。因而对通信网也做相应要求。其中,大型变电站常采用分层分布式结构,通信网络最好与自动化系统结构相对应也实现通信网络的分层。通常情况下,站级网络采用局域网络(LAN),而对于现场设备间隔级,则用现场总线型式或RS232/RS485等串行数据通信接口。

3.4.2 网络结构及传输介质

变电站中,间隔层的每一个子站对应于通信网络的一个节点。其上级的管理器也是通信网中的节点。节点与节点之间,以链路连接。链路连接可构成不同结构形式,而网络的物理通路可由不同传输介质实现。

(1)网络拓扑结构

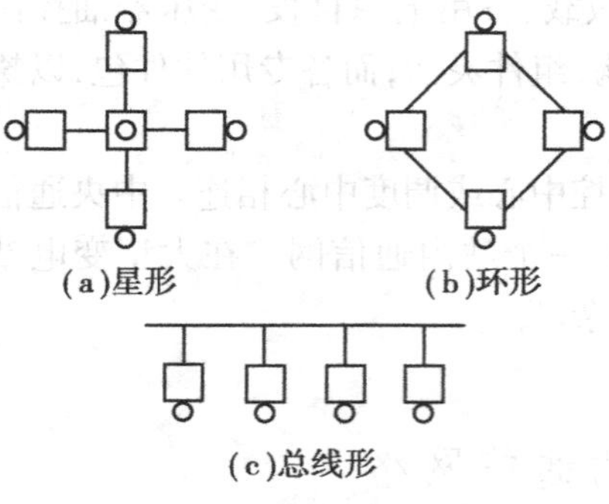

图3.2 通信网络结构

可用的拓扑结构有星形、环形、总线形,它们的拓扑结构如图3.2所示。这几种结构也是LAN采用的形式。

1)星形网(图3.2图(a))。各节点与中心节点相连。节点与中心节点间很容易通信,但各节点间通信都要通过中心节点转接或交换。这种结构的控制方式简单,方便服务,便于集中控制与诊断、访问协议(即规约)简单。支线节点故障不影响全局。

其缺点是中心点负载重且是通信的瓶颈、传输速率较低、一旦故障将波及全网、通道利用率低。

这种结构的可靠性属一般,可扩展性受中心节点制约,不适应分布式的结构。但随着集线器(集线器实为一种结构灵活、扩充性好、可靠性高、数据传输快的一种新形总线)的出现及双绞线的大量使用,星形网又得到较多的关注。

2)环形网(图3.2(b))。环形网中,各节点地位平等,不存在瓶颈问题。环形网中各节点上的子站通过一个中继器接入环网,即环网是由中继器接成。中继器结构并不复杂,因此,环形网的结构简单,传输速率高,误码率低。可适用多种传输媒质,可采用多种通信协议,且电路易集成化。

缺点是任一中继器或链路故障,将危及全网,诊断故障较困难,可靠性较差。为解决中继器故障出现的开环,可采用旁路措施补救,或采用双环式。双环式通信网已得到实际应用。

3)总线形(图3.2(c))。总线形采用无源链路作为公共总线,各子站通过接口接于总线,各节点处于平等的通信地位,适宜分布式结构。

总线形网络结构简单,工作灵活便于扩展,可靠性高,维护方便。节点故障时,不会使故障波及全网。当接口为隔离变压器形式时,节点设备接入,退出十分方便。只当总线本身故障时才影响网络,因而可靠性高。

总线形可适用多种通信协议,许多用途很广的局域网均采用总线形网络。

(2)传输介质、光导纤维通信简介

使用于变电站内通信网络的传输介质都是有线媒介。被传输的信号为电信号或光信号。变电站内,采用电信号传输时使用的传输介质为电话电缆、同轴电缆或双绞线等通信电缆。对于光信号,则采用光导纤维。

光纤通信方式不受电磁干扰的影响,其传输速率≤200 Mb/s,传输距离<50 km。加上中继站后,具有通信距离大,误码率低等诸多优异特性。因此,光纤通信技术发展很快,当今的变电站内通信网多用到光纤网。本节就光纤通信实际应用作简要阐述。

由于传输的信号有模拟信号和数字信号,光纤通信有模拟光纤通信与数字光纤通信,此处只对数字光纤通信进行介绍。

由于原始信号均已处理为电脉冲数字信号,而数字通信的接收信号也是电脉冲信号。所以在采用光纤通信时,有光发送器实现电—光转换(E—O)和光接收器实现光—电(O—E)转换。

以下对光纤通信应考虑问题及光纤通信网作说明。

1)光纤通信链路选择应满足的要求。

光纤通信链路在选择时,应满足以下条件:光发送器的发送功率、光接收器的灵敏度、选用光纤的损耗、光电接口损耗及光纤连接与芯径改变的损耗。在上述条件满足时,还应计入一定的安全裕量。

在站内通信时,上述条件易满足要求。当作为配电网中站与站的通信网时,仍应考虑以上条件应符合规定指标。

2)光纤通信网简介。

图3.3给出光纤构成的几种站内通信网示意图。图中,T为光发信端,R为光收信端。

(a)图为星形结构光纤通信网,主站端加接一个类似集线器HUB的多个光收发器,与多个子站进行点对点的通信。星形网络结构用于配电网中时,子站即为FTU。

(b)图表示单环光纤网。环网是一种工作方便,可靠的网络。网络中,子站使用的光收发器具有转发功能,保证各子站的信息能在环内传递至主站端。主站的光收发器可以不具有转发功能,故以虚线标注。

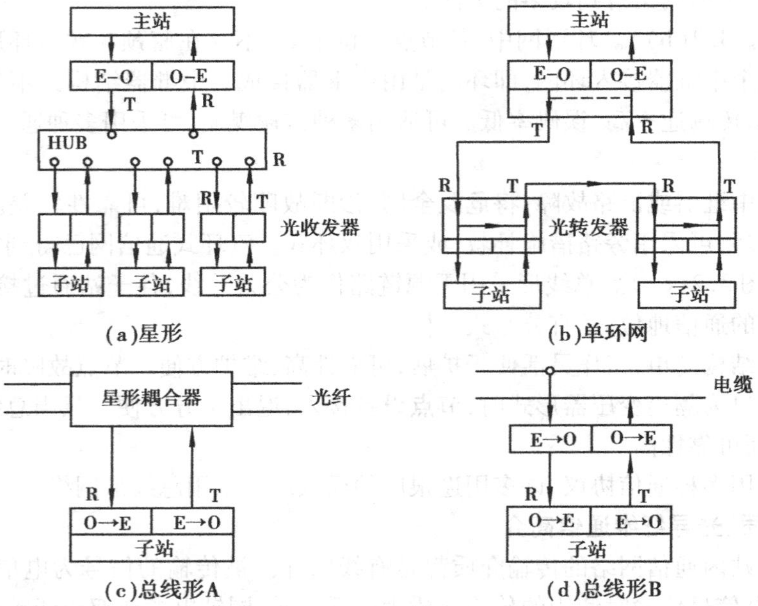

图 3.3　光纤构成的通信网络示意图

环状光纤网也是配电网中使用较多的一种通信网，在配电网中，常使用的是一种自愈式双环光纤网。其可靠性比单环高，当环路中发生故障时，自愈式环网只使故障部分退出，利用双环特点可使完好部分仍形成环网运行。

(c)与(d)图为总线形网，是站内通信网常用的一种结构。图(c)对应的总线是光纤，由于光纤不能像电缆那样任意支接。故子站的信号进入总线还要在接入点加接星形耦合器，使光信号进入总线。

同样，总线形光纤网也可在配网中应用。

3.4.3　串行数据通信接口与现场总线

用于分布式变电站综合自动化系统的通信系统中的串行数据通信接口与现场总线有以下三类：

第一类是由 RS-232，RS-422 等串行数据接口实现的低速总线；

第二类是满足工业控制系统要求的现场总线，也可称为局部控制网络实现的总线；

第三类是利用局域网(LAN)实现高速大容量的信息传输。这种方式多用在大型变电站作为站级通信，也在调度部门应用。还有能适用于间隔层与主站间的 LAN 网。

本节简述串行数据通信接口与现场总线。

(1)串行数据通信接口

早期的变电站综合自动化系统多采用 RS-232，RS-422 等接口标准构成变电站的通信系统。现在仍有许多变电站使用。这种通信方式具有以下特点：

①易于实现，成本低廉；

②对较小规模系统，能保证传输速率达到要求，从而实时性得到保证，但随着系统规模的扩大，系统性能将下降；

③抗干扰能力及安全性较差,尤其是RS-232采用一根信号线,发收共用一根地线,线间干扰比较大,接地不良时影响更大;RS-422采用平衡发送、差动接收,发收用双线传输,因而串扰较小,抗干扰能力较强。

④相对于现场总线等方式,传输速率低,且各间隔单元之间的横向通信要通过上一级管理器进行,形成主从结构。

由于上述原因,该方式只适用于较简单的变电站,或用于子站与管理器之间的通信。

(2)现场总线

现场总线是适用于工业控制的一种全分散、双向串行互联多点多站的通信系统。可靠性高、稳定性好、抗干扰能力强、通信速率快,相对于LAN造价低,可直接用于设备现场,安装、维护方便。

美国现场总线基金会对现场总线的定义是:连接智能现场和自动化系统的数字式、双向传输、多分支结构的通信网络。这是一个计算机技术、通信技术与控制技术的有机结合。常用的现场总线有LonWorks,CAN等。

LonWorks是一种"面向数据"的网络技术。它可在任何有线介质下通信,包括双绞线、电力线、光纤、同轴电缆等。它将若干网络硬件及软件构成一个统一的操作系统Lon,并提供具有I/O功能和支持网络通信接口的专用芯片。芯片内固化了网络通信协议,给应用人员带来方便。面对很多I/O接口时,往往需要多片专用芯片处理。该网络技术支持多芯片的网络扩展方式。LonWorks的传输速率可以达到1.25 Mb/s(距离≤500 m)。在变电站中,一个I/O单元要处理的数据量可能超过一个专用芯片的处理能力。此时,通常只能将芯片作为各单元之间的数据传输使用。

CAN总线网络本身是一种适用于分布式系统在强电磁干扰、恶劣工作条件下可靠工作的网络技术,具有很高的实时处理能力,最高传输速率可达1 Mb/s。

CAN总线的通信规约是面向字节流的,传送每帧信息字节不长(为8个),这种短结构是适应强干扰环境下实现高速通信所必需的,如因强干扰而误码、重发短帧将使整体效率更高。面向字节流的设计,给开发应用提供了很大的灵活性。在CAN总线上,每一个报文都有唯一的标识,这使得CAN网络的规模不可能太大。通常一个网络容纳110个字节点、2 032种数据帧,这对于变电站已够用了。

3.4.4　局域网及几种访问控制技术简介

局域网(Local Area Network—LAN)是在一定区域内的数据通信网,区域内的各种通信设备已连在一起。信号的传输速率高、传输数据量大、误码率低,是适宜在办公环境应用的网络技术。一般采用灵活方便的分布式传输控制方式,传输媒介可以是电缆、双绞线、光纤或无线通道。

局域网的结构有星形、环形、总线形。各种局域网的技术不仅网络结构不同,更主要的是协议规定不同。其中,访问控制技术(功能与远动系统的远动规约相似)是一项重要内容。下面简介几种访问控制技术。

(1)带有冲突检测侦听多路访问控制(CSMA/CD)技术

局域网中,以太网是使用最多的一种网络,它是一种总线结构,故也称为总线局域网。总线式局域网在信号传输中,主要应用带有冲突检测(Collision Detection—CD)、载波侦听多路访问(Carrier Sense Multiple Access—CSMA)控制技术。这是分布式系统中,以竞争方式获得总线访问权利的基本方法。

利用CSMA/CD技术时,总线上的任一站点都是平等的。只有CSMA时,访问控制过程应用"先听后说"技术。总线上任意时刻只允许一个信号在传送。因此,各站要发送本站的信息帧到总线上时,先检测总线是否空闲,这就是载波侦听。若测得总线空闲后,就可考虑发送本站信号,这可能形成多站共同访问总线的通信形式。在访问到总线不空后,可以有两种方法进行下一步的访问。第一种称为非坚持型,即听到总线忙,就暂停侦听,等待一段时间再侦听,直到总线有空后再发信号。另一种则是总线即使不空,仍坚持听下去,直到总线空后,转入以一定概率方式争用信道。坚持型显然比较复杂,但通信道的传输效率高,加上冲突检测后,构成CSMA/CD访问技术。此时,相当于在"先听后说"的基础上,加上"边听边说"的功能。即进入信号传送的工作站一边发信号,一边继续侦听总线,侦听到发生冲突,便立即停止发送,并发出报警信号,告知总线上各工作站,已发生冲突,防止它们介入冲突。之后,退让一段时间再试行重发,直到成功。若边说边听直到发送完一帧,未检测到冲突,则本帧传送成功。

CSMA/CD的侦听阶段及方式(坚持或不坚持)同CSMA。

(2)通行证(Token)法

通行证(令牌)法可用于总线与环网。现主要用于环网,这种局域网称为令牌环式网络(Token Ring)。令牌环的数据传输方法如下:

令牌是传送数据发送权的一个控制指令。环上的工作站要传送的一帧信息的主体是令牌。令牌分为"空"与"忙"。令牌沿环网中各站传送。假设有空令牌沿环传送,经过站若无信息传送,则将"空"令牌传送到下一站,如此循环。若某站收到"空",且该站有数据发送,则将"空"改为"忙"(一般是将空令牌指令的末位变号来实现)。该站获得数据发送权。接着,把信息数据与"忙"令牌连接,并注明目的地址、源地址,构成数据信息帧沿环路发送。沿途各站接收这一带有"忙"令牌的信息帧,不能获得发送权,若该站又非信息帧指明的目的地址站,则对路过的数据进行校验。若有错,信息帧的错误标志置1,否则置0,然后将信息帧顺环传送,直到目的地址站,该站接收信息(复制),并表示已接收,再对数据校验。然后将信息数据沿环传送,直到返回发送站。发送站确认信息已被接收后,将令牌置为空并将附上的信息数据删除,然后将"空"令牌沿环传送,准备发送第二帧信息。若发送站在收回信令牌帧时,发现错误标志已置1,表明这次发送失败,等下一次空令牌来时再重发。

局域网适用于办公室环境,网络本身没有严格的抗干扰设计。因此,用于变电站时,只作为站级管理系统使用,且都是在大型变电站中才用到,并应有抗干扰措施。

3.5 电压与无功功率的自动调控

3.5.1 概述

(1)电压无功调控的目的与目标

变电站的一项重要职能就是实施母线电压及无功功率的自动调控,以保证系统在正常运行时,用户侧能得到质量合格的电能,同时,又使网损小,达到经济运行的目的。广义的电压无功调控还包括对谐波的抑制,因为电能质量不仅对电压幅值有要求,对波形也有要求。

在不同电压等级网络中,电压调控的目标是不同的。这是由允许的电压偏差,即实际电压与系统的标称电压之差的允许值来确定。例如 220 kV 变电站中 35 kV ~ 110 kV 电压等级,在正常运行方式下,允许偏差规定为额定电压的 -3% ~ +7%,事故后为 ±10%。10 kV 用户,正常时为 ±7%,等等。

在保证电压合格的前提下,无功功率应分层就地平衡,且在调节电压的同时,应调节无功功率的补偿量,尽量减小网损,使网络达到经济运行的目的。

(2)**调控手段**

1)电压波动的原因。导致配电网电压波动的原因可能很多。例如,负荷变动、运行方式改变、上级电网的电压波动等。究其主要原因,是电网的无功功率分布不合理。电压下降则多由于无功不足而引起。网络电压波动时,如果无功分布合理,通过电压调控,可使电压稳定在允许范围。

2)调控手段。电力系统中,动态调压设备是发电机及同步调相机的励磁调节系统、电网中的有载调压变压器。无功补偿设备则是发电机及同步调相机、补偿电容器、无功静止补偿装置(SVC)等。近年,由于 DFACTS 技术的应用,在配电网中已有静止无功功率发生器(SVG)、动态电压恢复器(DVR)、有源电力滤波器等电力电子技术构成的性能良好的调压、无功补偿、抑制谐波的自动控制装置。

关于 DFACTS 技术,在第 5 章介绍。

当前,在配电网中主要的、甚至是唯一的电压无功调控设备仍是有载调压变压器及补偿电容器组。当变电站的负荷变化较大,且可能为容性状态时,则无功补偿可能还要加装并联电抗器。

3.5.2　电压无功调控原理

介绍有载调压变压器及并联补偿电容器的调控原理。

典型的配电变电站为两台有载调压变压器,低压侧母线上接有电容器组。当变电站在正常运行方式及容许的某些非正常运行方式运行时,电压无功调控应工作;在非容许的非正常运行方式及变电站内故障运行时,电压无功调控应闭锁。

以下,从电压损耗计算出发,说明电压无功调控原理。

(1)**电压损耗**

变电站及进出线的等值电路如图 3.4 所示。图中符号:K 为有载调压变压器变比;系统侧及变压器高低压侧、负荷侧的电压分别为 $\dot{U}_s$,$\dot{U}_1$,$\dot{U}_2$,$\dot{U}_L$,负荷的有功、无功功率为 P_L,Q_L;补偿电容器补偿为容量 Q_c;进线阻抗为 $R_s + jX_s$;变压器阻抗为 $R_T + jX_T$,馈电线阻抗为 $R_L + jX_L$;电流为 I_L。则配电线的电压损耗为

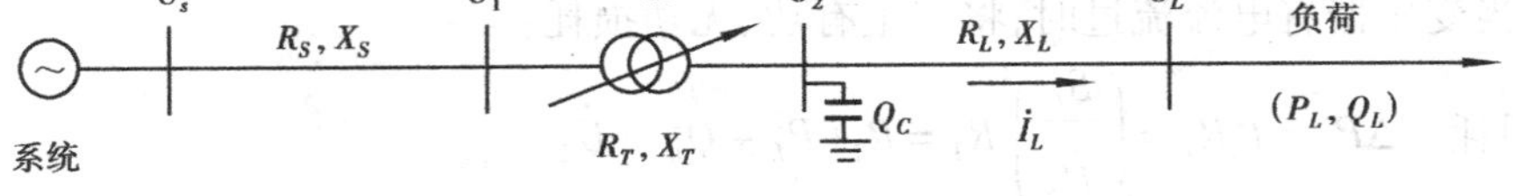

图 3.4　变电站及进出线的等值电路图

$$\begin{aligned}\dot{U}_2-\dot{U}_L &= [(P_L-jQ_L)/\dot{U}_L](R_L+jX_L)\\ &= (P_LR_L+Q_LX_L)/\dot{U}_L+j(P_LX_L-Q_LR_L)/\dot{U}_L\\ &= \Delta\dot{U}_L+j\delta\dot{U}_L \end{aligned} \tag{3.1}$$

$\Delta\dot{U}_L$ 为馈线的电压降纵分量，$\delta\dot{U}_L$ 为馈线的电压降横分量。一般，因 $\dot{U}_2$ 与 $\dot{U}_L$ 的相角 θ 差很小，故 $\delta\dot{U}_L$ 很小，可略。则有

$$\dot{U}_2-\dot{U}_L=\Delta\dot{U}_L=\frac{P_LR_L+Q_LX_L}{\dot{U}_L} \tag{3.2}$$

在中低压配电线路上，R_L 不能忽略，故电压损耗中，$P_LR_L/\dot{U}_L$ 项不能忽略。

从式(3.2)可知，$\dot{U}_L=\dot{U}_2-\Delta\dot{U}_L$，要使 $\dot{U}_L$ 在合格范围内，在 P_L，Q_L 变动时，应调整 $\dot{U}_2$ 来满足。

按相同方式推导，可得：

$$\dot{U}_S-\dot{U}_1=\frac{P_LR_S+(Q_L-Q_C)X_S}{\dot{U}_1} \tag{3.3}$$

式中，Q_L-Q_C 计入了无功补偿电容容量，

$$\dot{U}_1-\dot{U}_2=\frac{P_LR_T+(Q_L-Q_C)X_T}{\dot{U}_2} \tag{3.4}$$

式(3.4)中，$\dot{U}_2=\dfrac{\dot{U}_1}{K}$。

(2)电压调节对无功功率的影响

变压器的等值电阻很小，故式(3.4)可近似为

$$\dot{U}_1-\dot{U}_2=(Q_L-Q_C)X_T/\dot{U}_2$$

在不考虑 Q_C 时，$\dot{U}_1-\dot{U}_2=Q_LX_T/\dot{U}_2$，则可推得：

$$Q_L=(\dot{U}_1-\dot{U}_2)\dot{U}_2/X_T=(K-1)\dot{U}_2^2/X_T \tag{3.5}$$

上式说明，经变压器向系统吸取的无功功率与 $\dot{U}_2^2$ 成正比。通常正常运行时，认为 $\dot{U}_1$ 不变，则当改变变比 K 时，K 增大则 $\dot{U}_2$ 减少，负荷吸取的无功减少；反之，K 减小，Q_L 增大。

(3)电容器补偿对电压及功率损耗的影响

由式(3.3)、式(3.4)表明，补偿电容的投入将使无功功率导致的线路电压损耗下降。在空载或低负荷时，Q_C 的存在，会使变压器负荷侧电压升高，如不采取措施，可能达到不允许值。

同时，当变压器有电流流过时，将产生有功、无功损耗：

有功损耗 $$\Delta P_T=I_L^2R_T=\left(\frac{S_L}{\dot{U}_2}\right)^2R_T=R_T(P_L^2+Q_L^2)/\dot{U}_2^2 \tag{3.6}$$

无功损耗 $$\Delta Q_T=I_L^2X_T=X_T(P_L^2+Q_L^2)/\dot{U}_2^2=X_T(P_L^2+Q_L^2)/\dot{U}^2 \tag{3.7}$$

由式(3.6)可以得到由无功功率的传输导致的有功损耗为 $\Delta P_Q = R_T Q_L^2 / \dot{U}_2^2$，当投入 Q_C 后，为 $\Delta P_Q = R_T (Q_L - Q_C)^2 / \dot{U}_2^2$，趋于减小。但当 Q_L 很小，或空载时，如果补偿电容 C 未切除，则将有有功损耗。空载时，为 $\Delta P_Q = R_T(-Q_C)^2/U_2^2$，是不希望产生的有功损耗。

以上说明，在低负荷时，为防止电压过高及不要产生不希望的有功损耗，应适当切除一定的补偿无功容量。

3.5.3　电压与无功的综合自动调节

仍以有载调压变压器及并联电容器作为电压无功调控的手段。当某些变电站低压母线侧还装有并联电抗器时，下述的综合自动调控原则仍是适用的。

(1)调控原则

由前述分析已知，通过改变有载调压变压器变比 K 调压时，将改变无功功率分配；在改变无功补偿容量时，电压也将变化。因此，对于具有综合自动化的变电站，其电压无功自动调控装置应是一种综合性的调节装置，以满足本章概述所提到的电压无功调控的三个目标。此时改写为：要求负荷端电压 U_L 与其额定电压 U_{LN} 偏差 $U_L - U_{LN}$ 为最小。改变 Q_C，使可能调节的 Q_C 尽可能接近 Q_L，以达到 ΔP 为最小。

使 ΔP 为最小有两种原则：①使自动装置所在变电站的 ΔP 为最小，按此原则，称为就地综合调节。②按整个配电网络在各节点电压合格的前提下全网网损最小，此称集中式电压无功综合调节。此时，各变电站要接受调度端经 SCADA 来的命令。第 6 章再对此做进一步说明。

(2)就地电压无功控制(VQC)的综合控制策略

将变电站的允许电压偏差用相应的电压上、下限 U_M，U_m 表示；将该变电站在经济运行条件下允许的 $Q_L - Q_C = Q$ 用相应的上、下限 Q_M，Q_m 给出，也可以改用功率因数的上、下限 $\cos\varphi_H$，$\cos\varphi_L$ 表示。则变电站的运行状况可用图 3.5 所示的九域图(也常称八域图)说明。

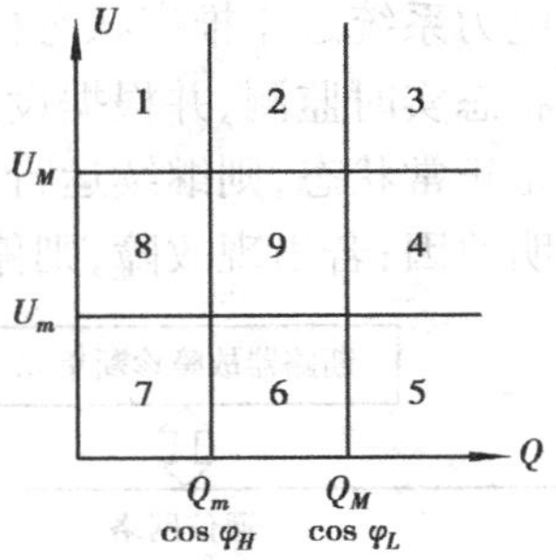

图 3.5　电压无功控制区域的划分

该图恰好将电压与补偿后的无功呈现的状态做了明确划分。故，就地 VQC 综合控制运用九域图作为控制策略。

在第 9 区域，电压、无功均在合格范围内，不调控；其他八个区域均有电压或/和无功不合格，需要进行调控。

例如，第一区域，表明 $U_2 > U_M$，$\cos\varphi > \cos\varphi_H$(或 $Q < Q_m$)。遵循调控原则，应先切一组电容，进一步检查后若 Q 已合格而电压仍不合格，则调分接头(调控过程为 1→2→9)。

又如，原在第 6 区域运行。此时，$\cos\varphi$(或 Q)合格，$U_2 < U_m$，则只调分接头，使运行区域由 6 转到 9。

读者自行推论其他区域的调控。

可将九域图式的控制策略做进一步细划，以便得到更良好的调控效果。由于实际装置均为微机实现的控制。故可预先设计控制算法，根据实际的电压偏差和/或无功补偿偏差，计算出当前状态下的 U_M，U_m 及 Q_M，Q_m，并计算出应投切的电容及应改变的分接头挡数及动作顺序，一次性地完成调控过程。

(3)**综合自动化系统中的 VQC 装置**

VQC 是一套可以独立运行的自动装置。当变电站实现综合自动化时,VQC 应与变电站的主站有通信联系。这就可以使装置的投切、参数的设定及运行监测等不仅可在现场进行,还可通过主站实现。当调度端要进行集中调控时,也通过主站完成调控过程。

3.6 变电站综合自动化近年新增调控及管理功能简介

由于变电站内通信技术及计算机应用技术、电力电子技术的应用,变电站综合自动化系统功能日愈扩展。例如新型的单相接地自动选线装置、电气安全操作系统、状态检修的监测与诊断系统、新型微机保护、DFACTS 技术在变电站中的应用等。单相接地自动选线装置及新型微机保护属于微机保护专门论述的内容,此处不作介绍。

3.6.1 综合自动化中的状态检修技术

(1)**状态检修的概念**

电力系统的日愈扩大,一次设备的数量已十分巨大。具体到配电网,有大量的变压器及断路器。制订合理的检修计划已成为配电网安全可靠运行的一项内容,故 DMS 应包含该项功能。但过去的设备维修是采取事故后检修及预防性检修,这不利于设备的合理利用,从而影响到系统运行的可靠性与经济性。

电力系统近年推广状态检修技术。所谓状态检修是指运用在线监测技术对电气设备进行运行状态实时监测,并根据设计的诊断算法对监测数据作出判断,确定运行设备的状态:若该设备是正常状态,则继续运行;若某些指标有问题则报警并转入加强监视,仍继续运行或停运并说明原因;若出现故障,则停运并说明原因。这一整套技术即为状态检修技术。

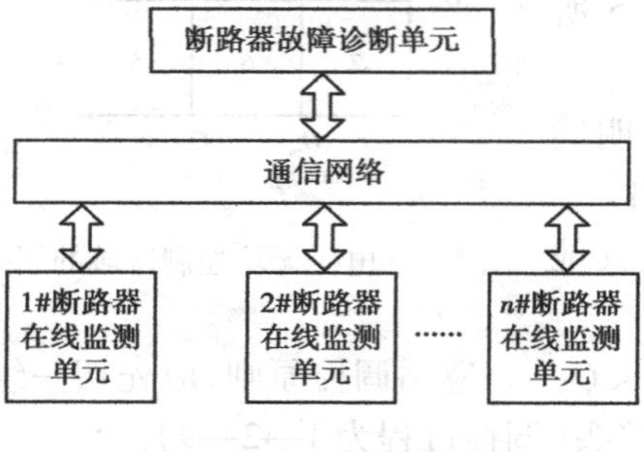

图 3.6 某同型断路器在线监测及故障诊断系统示意图

由上述概念可知,为实现状态检修,每套电气设备均应有各自的在线监测系统。以断路器为例,该系统应包含测量断路器操作及运行中振动的传感器,测量流过主触头电流的电流变送器,测量绝缘介质的传感器,判断断路器运行状态的辅助开关量等。相同的设备可共用一套故障诊断系统,故障诊断算法多应用人工智能方法实现。仍以断路器为例,对应某种同型断路器的状态检修诊断系统可用图 3.6 表示。这是一套完整的独立的在线监测及故障诊断系统示意图。图示诊断单元通过通信网络分别与各断路器监测单元联系,通过检测监测数据正确给出相应断路器的状态。

(2)**具有综合自动化的变电站中的状态检修系统**

上述状态检修系统纳入变电站综合自动化系统时,若仍独立设置,必须增加二次设备的重复设置及管理的重复性,且诊断单元诊断结果应经变电站内通信网与主站通信联系,增加了通信网点。

若将变电站通信网功能扩大,则各电气设备已有的,并与状态检修需要监测的重复部分,可以共用,例如断路器的电流检测及辅助开关接点回路。更为重要的是可不再专门设置故障诊断单元,而将诊断算法列入主站管理系统的一个子系统。各电气设备的监测单元直接视为一个子站。各子站监测结果经站内通信网送到主站诊断,从而使状态检测成为综合自动化系统的一个自动管理子系统。

3.6.2　电气安全操作系统

当今变电站仍有许多人工操作,例如断路器及其隔离开关的投入与切除。这类操作目前是由操作票自动生成系统根据操作员的申请及变电站的实时状态自动生成操作,然后操作人员按照操作票规定的顺序,依次逐条进行操作,直到完成。若操作过程有误,则由相应设备的软件闭锁功能闭锁,不能执行下一条操作,直到纠正。

若断路器及其隔离开关均已具有电动跳合闸装置,则可利用上述操作票自动生成系统及防止误操作的闭锁软件配合,在变电站主站监视下,只要给出一个操作命令,就可实现断路器(包括隔离开关)的自动操作。这即是电气安全操作系统。

同样,可认为这一系统的建立,是综合自动化管理功能的扩大。

第 4 章 馈电线自动化

4.1 概　述

4.1.1 馈电线自动化的功用及内容

馈电线自动化同变电站综合自动化一样，均是现代 DAS 系统的基础自动化，是实现 DAS 的主要监控系统之一，也是继变电站综合自动化系统之后，配电网自动化进展较快的一个自动化系统。馈电线自动化的对象是中低压配电网中的馈电线路。

配电网的可靠、经济运行在很大程度上取决于馈电网络结构的合理性及其可靠性、灵活性、经济性，这些又与其自动化程度紧密相关。

安装在馈电线上的设备较多，如柱上开关、分段器、重合器、步进调整变压器、可开断电容器以及线路参数检测装置等。凡与这些设备有关，旨在保证馈电线路安全优质供电的自动装置或系统，都属于馈电线自动化，故范围极广。比较重要而典型的功能有：故障定位、隔离与自动恢复供电，馈电线运行数据检测，馈电线无功控制和电压调整及负荷控制等。

4.1.2 馈电线自动化的特点

1）与变电站综合自动化类似，馈电线自动化也是从单项自动化向综合自动化方向发展。但馈电线的设备及终端控制单元只能面向现场，分散安装，不可能集中布置。因此，必须全部满足室外工作的环境条件。

2）由于馈电线自动化的功能随配电网要求不同而异，其综合程度难以像变电站综合自动化系统那样规范。

3）为了适应馈电线自动化的不同应用水平，再加上考虑到调试维护的方便，各种用于馈电线自动化的控制器或终端单元一般都设有“自动”、“远动”和“人工”（或“用户接口”）三种模式。

4）为实现馈电线自动化信息传递，配电网还有一个专门的通信系统。该通信系统也是变电站综合自动化系统向上级监控系统和调度中心联系的通信网，同时还为负荷控制传送必要的信息。

4.1.3 本章内容说明

馈电线自动化涉及内容较多,本章择要介绍以下内容:配电网自动化远方终端;几种应用于配电网的自动开关电器;馈电线的故障定位、隔离与自动恢复供电系统;负荷控制系统。并简要说明馈电线的电压无功调整方法。

4.2 配电网自动化远方终端

4.2.1 概述

配电网自动化远方终端也称为配电自动监控单元。可将它分为两类:馈线远方终端(Feeder Terminal Unit—FTU),也称为面对现场的远方终端;配电变压器远方终端(Transformer Terminal Unit—TTU)。这是两种在馈电线自动化中十分重要的自动监控设备。

FTU 的工作原理与变电站中的 RTU 是相同的,故本节只对其功能、特点及应用中要关注的问题作出说明。而 TTU 实为服务对象改为配电变压器的 FTU。故对 TTU 只说明其与 FTU 的区别。

FTU 是配电线上的自动测量与控制装置,是实现馈电线自动化的重要基础自动化装置。用于现场的 FTU 有三种类型:

1)只具有运行参数采集功能。可以采集馈电线的电流、电压、有功、无功、有功电度、无功电度以及停电时间等。采集的参数通过通信网传送到相关变电站。可称为运行参数采集单元。

2)在采集单元的功能上加上 I/O 控制,成为自动监控单元。类似于变电站综合自动化系统中的 I/O 单元。当具有远方传送信息功能时,就具有“自动”、“远动”操作功能。

3)一些厂家还将馈电线的微机保护集成到监控单元中,成为一个综合的保护、监控单元。保护具有过流、速断、重合闸等功能。这样的自动装置,生产厂家常称为配电网馈电线综合自动化装置。

由于 FTU 安装地点的不同,带来结构及某些功能的不同。FTU 据此也可分为三类,即安装于户外柱上、环网柜内及开闭所中。其基本功能相同,但监控的配电线路数量不同。对安装于户外的 FTU,应能满足对恶劣环境的适应性。对温度、湿度、防雷都有要求。

4.2.2 FTU 的功能

FTU 应具有一般的 RTU 功能,以及 FTU 特有的功能。主要功能如下:

1)遥信:有多路开关量输入,内部采用光电隔离。输入测控开关的位置及其操作机构状态,有的 FTU 的遥信还包括通信是否正常,储能完成情况等状态量。若有微机保护,则还应有保护动作信号。

2)遥测:按一条线路需要测量的电流、电压进行交流采样,经数字滤波及运算后,得到要求的各运行参数,数据保存在有备用电源的存储器内,掉电不会丢失,也可能有数条线路遥测。

有的 FTU 还具有对蓄电池电压及剩余容量的监视。

3)遥控:装置收到遥控命令后进入命令校验,当命令检验为正确时,通过出口继电器执行命令(跳闸或合闸)。

4)保护:采用交流采样并能区别励磁涌流与故障电流,从而在保护定值中不考虑励磁涌流的影响,简化了计算,提高了灵敏度,缩短了保护响应时间。同时,还具有故障录波功能,将故障前、后若干周波波形数据与对应时刻存储到专用存储区,供召唤故障录波。同时,保护定值按运行方式设定数套,可以由系统主机经通信网下装和修改或现场人员人工进行修改定值。

5)统计功能:对测控的开关的动作次数、动作时间及切断电流进行监视。

6)事件顺序记录:记录状态量发生变化的时刻及顺序。

7)事故记录:记录事故发生时的最大故障电流和事故前一段时间(一般为 1 min)的负荷,以便分析事故,并作为确定故障区段及恢复供电时重新分配负荷的依据。

8)定值远方修改功能。

9)自检及自恢复功能。

10)远方控制闭锁与手动操作功能。

11)对时功能。

12)装置经串口可与多种通信设备接口。某些产品还可以直接接入配电线载波通信道;也有设置电光转换与光电转换电路,采用光纤通信方式传送信息的。

13)装置均有工作与备用电源。工作电源直接取自所在馈电线(由电压互感器提供),此外,还配有蓄电池。当交流电源全部停电后,仍可进行操作和通信。

4.2.3 供电电源问题

FTU 采用工作电源及蓄电池作备用是一种常用方式,但当蓄电池长期不用时,其充放电是一个必须解决而又不太方便控制的问题。

实用 FTU 的工作电源往往采用双电源供电方式,以提高工作可靠性。工作电源之一由所在的馈电线提供,另一电源则根据该 FTU 所在网络位置,取最近的另一配电变压器供电的馈电线路作为备用性工作电源。最新型的 FTU 自带后备电源,当所在线路掉电后,保证 10 小时内装置仍正常工作,并能进行遥控跳合闸操作。

4.2.4 配电变压器远方终端(TTU)

TTU 是连接于配电线路上的柱上配电变压器或箱式变压器的远方终端装置。其工作原理、基本功能仍同于 FTU。TTU 的工作环境也是户外,故应满足恶劣的环境下的正常工作条件。

TTU 采用的 CPU 性能要求可低于 FTU。由于配电变压器面对用户,当供电部门要求谐波信息时,TTU 应有谐波检测功能。其每个基波的采样点数应根据需要检测到的最高谐波次数来确定。当配电变压器有可调分接头(一般为升压、降压、停止三挡),有可投切电容器组时,其遥控功能应能满足电压无功调控的要求。

4.3　配电网中几种自动化开关器件

4.3.1　概述

配电网要能实现多种自动控制，作为执行部件的各种自动开关是关键的设备之一。自动开关元件从结构原理上可分为两大类，一类是目前广泛使用的机电型；另一类是应用电力电子元件构成的无触点开关设备。SF6 和 GIS 等机电型断路器仍是配电网的主流自动开关元件，本节所指的即为这类设备，包括大家熟知的各种 GIS，SF6 及油断路器、负荷开关，以及近年来专为配电网自动化研制并生产的重合器、分段器与自动配电开关等。

本节对于熟知的断路器不再重复介绍。只对重合器、分段器、自动配电开关，介绍其在配电网中的用途、特性以及为说明特性而必须提到的相应的组成部分。

4.3.2　重合器(Recloser)

(1)定义、功能与分类

1)定义与功能。重合器是一种自身具有控制与保护功能的断路器。它具有故障电流检测和操作顺序控制以及执行功能，即它能按预定的开断和重合顺序自动进行开断与重合操作，在达到预先整定的重合次数后，则进行闭锁，不再重合。如果故障在重合器未达到规定重合次数前已消除，即重合器在规定重合次数内跳闸并重合后在规定时间内不再跳闸，经过一段时间，重合器自动复位。

2)分类。重合器可按下述方式分类：

①按装置中断路器部分的灭弧、绝缘介质分：可分为少油式，GIS，SF6 等；

②按可控相别(即可以自动跳闸、重合的组别)分：可分为单相式与三相式；

③按控制方式分：可分为液压控制式、电子控制式(含智能式)。

多种重合器是采用交流操作的，一类重合器的跳闸线圈是与相关馈电线串联，该跳闸线圈还可作为电流检测元件。液压控制式的小型重合器常采用这种方式。

3)重合器的参数。重合器的运行技术参数包括额定电压、额定电流、灭弧介质、跳闸线圈的额定电流等。往往将重合器的允许最大遮断电流、最大允许负荷电流、最小故障电流、定时和操作程序等，这些在选择重合器时应考虑的参数称为临界值。选择重合器时，在根据电网电压等级确定重合器的额定工作电压后，应选择相应的临界值。显然，重合器的遮断电流应大于或等于所控制线路的可能最大故障电流，且应能检测可能的最小故障电流。

当重合器的定时和操作程序确定后，其后续线路的设备及保护的选择均应与之配合。而重合器的定时和操作程序的选择是与电源侧的保护装置相配合的。

(2)重合器的外特性及使用

1)操作程序形式。非智能的电子控制式或液压式重合器，在其跳闸机构上均连接上一凸轮机构，凸轮上有可调整的棘轮杆。另有一程序开关，其动接点由滚轮带动，滚轮置于凸轮某一位置，调整棘轮杆，就调整了滚轮的初始位置，也即是调整了跳闸重合次数。当重合器跳闸时，凸轮转动，带动程序开关接通，经一定行程，即得定时(或电子定时)进行重合。

装置带有计数、复位机构、调整机构、相间跳闸凸轮、接地跳闸凸轮等机构,以自动识别故障类型、复位,还可调整动作特性。

2)重合器的时间——电流特性。重合器的动作特性以时间——电流特性(Time-Current Character—TCC)来表述。重合器可认为是一台能多次重合的断路器。在配电线上,接于重合器之后的开关元件可能也是重合器,也可能是分段器、熔丝。重合器的使用应考虑其 TCC 特性的配合。

TCC 特性分为以下两种:

①相间短路跳闸的 TCC 特性。特性曲线如图 4.1(a)所示。为具有反时限特性的曲线。图中,A 称快速曲线,B,C 分别称为延时、超延时曲线;

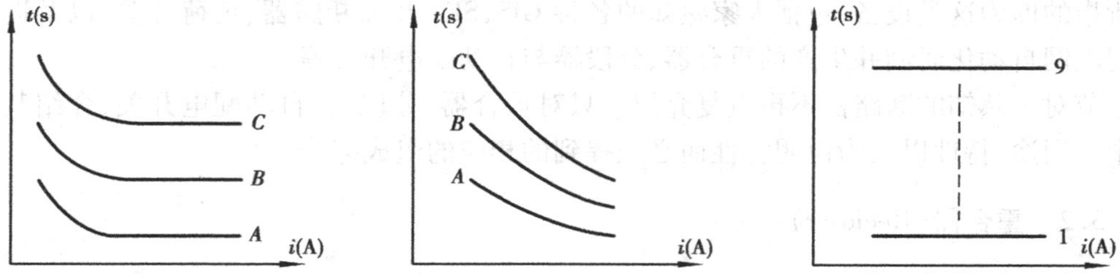

(a)时间特性　　(b)接地特性(反时限)　　(c)接地特性(定时限)

图 4.1　重合器的 TCC 特性

②接地跳闸的 TCC 特性可分为反时限特性与定时限特性两种,见图 4.1(b),(c)。反时限仍可分为 A,B,C 三种,对应快速、延时、超延时;定时限一般分为 9 级,顺着 1 至 9 顺序,依次为 0.1″、0.2″、0.5″、1.0″、2.0″、3.0″、4.0″、5.0″、10.0″。具体地,不同的重合器,定时限 TCC 可能有不同的特性组。

3)重合器的动作特性。由前述 TCC 特性可知,重合器的操作程序可以分为快速和慢速动作特性,这均是指检测到故障后的延时跳闸时间。重合器在跳闸—重合—跳闸的过程中其延时跳闸时间是可以调整的。例如图 4.2 表示的动作特性。设动作过程是允许两次重合,则重合器的操作程序可以预先整定为图示的一慢一快(上图)或一快一慢(下图),当然,如需要,也可以调整为二快或二慢。

当动作特性是三次或四次重合时,可按此推论。

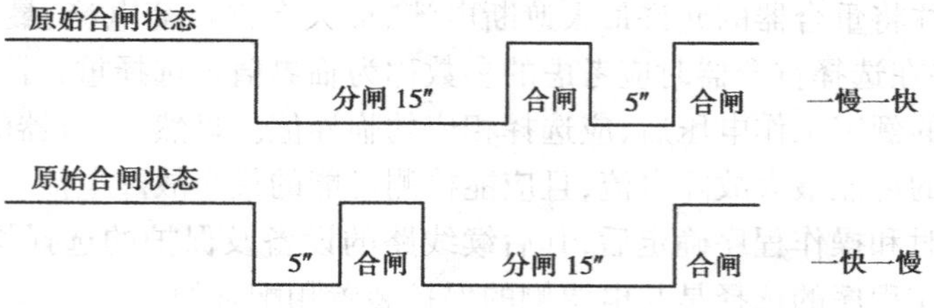

图 4.2　重合器的动作特性示意说明

4)重合器配置的附件。在重合器中配置一些附件可以改变 TCC 特性或扩大应用功能。主要的附件有以下三种。

①瞬时跳闸附件。加入该附件,可在较小的电流倍数下实现瞬时跳闸并闭锁。当重合器与熔断器配合时,加入这一附件,可以避免故障后熔丝的频繁熔断。具有瞬时跳闸附件时,重

合器的TCC特性与熔丝特性配合关系如图4.3所示。熔断器(F)在电源侧,其TCC特性为曲线2,重合器(R)的相间短路跳闸TCC特性如曲线1所示。在没有加瞬时跳闸附件时,曲线1与2的交点为a。当重合器后面发生短路时,若故障电流小于i_a,则曲线2在曲线1之上,两者实现有选择性的保护配合;当故障电流大于i_a后,曲线2在曲线1之下,两者失去动作的选择性。

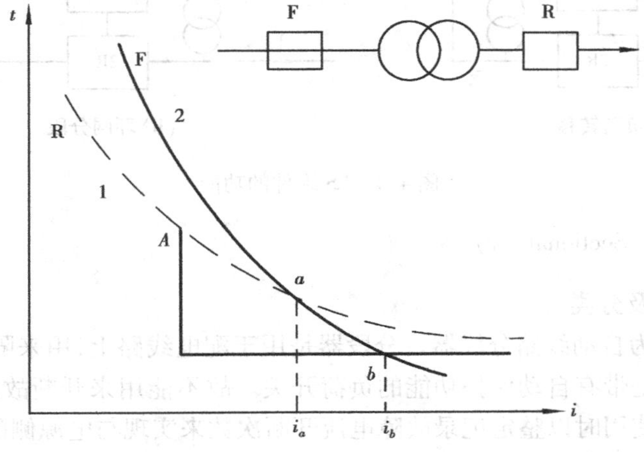

图4.3　重合器与熔断器的特性配合图

若加上瞬时跳闸附件,曲线1在A点后转为瞬时动作,则熔丝与重合器有选择性配合扩大到i_b处。适当选择曲线1及其附件,只要线路上的故障电流均$\leqslant i_b$,则熔断器与重合器在全线路实现有选择性配合。

②瞬时闭锁附件。加入该附件后,当故障电流大于或等于预先整定的闭锁元件电流后,重合器瞬时跳闸,同时该附件闭锁重合器操作程序。一般情况下,使用瞬时闭锁附件时,总是将整定电流值整定得比较高。这对应于线路首端和接近首端短路时能瞬时跳闸。为了能在瞬时性故障时,利用重合恢复供电,瞬时闭锁附件可整定为两次跳闸后才闭锁。

③负荷转移与线路分段附件。负荷转移分段附件(LS)的功能可用图4.4来说明。

转移负荷(图4.4(a)):设1R、2R均带有LS附件,并已投入。正常时,1R投运,2R断开作备用。1LS检测电源侧电压,2LS检测负荷侧电压。并将2LS的动作时限整定大于1LS的时限。

当F_1点故障时,1LS检测到电压消失,1LS启动,断开1R并闭锁;2LS检测到无压而启动,延时闭合2R。此时,负荷转移到2R侧。

当F_2点故障时,1R按正常程序动作。2LS应能在1R跳闸至重合期间不闭合2R。

环网分段(图4.4(b)):图示环网在正常运行时,1R,2R闭合,3R断开,环网开环运行。3R的附件有两个电压检测元件,分别检测两侧电压,并以“或”关系将检测结果送入后面的判别、执行环节。

当F_1点故障时,1R经1LS一次性操作而断开,并闭锁。3R则在3LS控制下启动闭合,带上1R后面线路的负荷。

当F_2点故障时,1R按正常操作程序操作。若为永久性故障,最后1R跳闸并闭锁。而3R启动闭合于故障线路上,将在一次延时跳闸后闭锁。

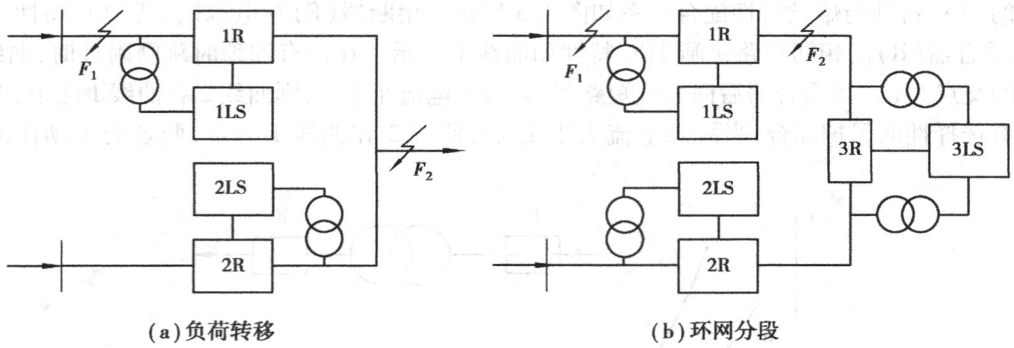

图 4.4　LS 附件的功能

4.3.3　分段器(Sectionalizer)

(1)**定义、功能及分类**

1)分段器全称为自动线路分段器。分段器是用于配电线路上,用来隔离线路区段的自动开关装置。它实际是带有自动保护功能的负荷开关。故不能用来开断故障电流,只能开断负荷电流。分段器在使用时以整定记录故障电流开断次数来实现与电源侧的前级开关配合。

分段器具有计数功能,记录当分段器负荷侧发生故障后,电源侧保护装置断开故障电流的动作次数,记录次数可为一次或多次。若记录次数未达到整定次数,电源侧开关设备重合成功,分段器经过一段时间后,将计数清零,并恢复到预先整定的初始位置。若在记录次数到达后,电源侧开关设备重合仍未成功而再次跳闸切除故障电流(发生在永久性故障时),分段器随之瞬间跳闸并闭锁,使故障线路与系统电气分离。

由于分段器是记录故障电流断开的次数,故又称为过流脉冲计数型分段器,或简称电流型分段器。

分段器的灭弧介质也可以是绝缘油、真空、SF6。

2)分段器可按动作相数分为单相式、三相式;也可按控制方式分为液压式、电子式。

(2)**分段器使用的基本原则**

分段器总是与电源侧的断路器或重合器配合使用,使用时应考虑以下原则:

1)分段器必须串联使用于重合器(或断路器)的负荷侧。其额定长期工作电流应等于或大于设计的线路负荷电流。

2)分段器记录的最小启动电流值应比电源侧保护装置最小动作电流小(一般取为 80%)。

3)分段器断开前计数次数的整定应该比重合器保护装置在闭锁前的总操作次数少一次。当几个分段器串联时,分段器的计数次数沿电源侧依次递减,如图 4.5 所示,图中 n 为重合器的总操作次数。

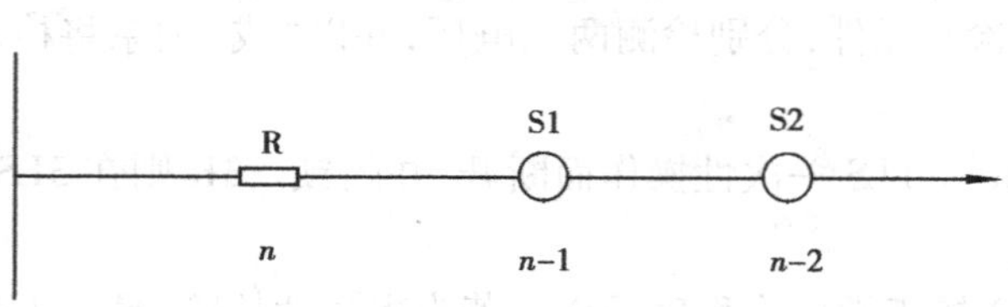

图 4.5　分段器与重合器的配合

4)重合器的后备保护必须能反映分段器开断范围内最小故障电流。分段器保护区内的最小故障电流应大于分段器的计数器的最小动作电流。

5)分段器处于合闸状态时,由于负荷涌流或变压器励磁涌流,可能导致分段器错误计数,故应加涌流抑制措施。

6)在分段器的负荷侧若装设有能遮断故障电流的开关装置,当负荷侧故障,由该装置遮断故障电流时(分段器电源侧的重合器因有选择性配合,未动作),分段器将不进行计数。这称为分段器的抑制功能。

4.3.4 自动配电开关(Automatic Distributing Switch)

(1)组成、功能与工作过程

自动配电开关(ADS)是以检测网络电压来控制开关的开、闭,能开断负荷电流和接通有短路故障线路的一种用于配电网的自动开关。通常也称为电压—时间型分段器,或简称电压型分段器。自动配电开关的开关本体多采用真空开关(PVS)。自动配电开关使用较多,其组成简介如下。

图4.6为自动配电开关的原理性接线图,图的下半部分为其解释性原理图。

自动配电开关由开关本体(设由PVS构成)、电源变压器(T_1、T_2)及整流回路、故障检测继电器(图中FDR部分)辅助电路组成。开关接入配电线时,根据实际的馈电情况,接入T_1或T_2供电。

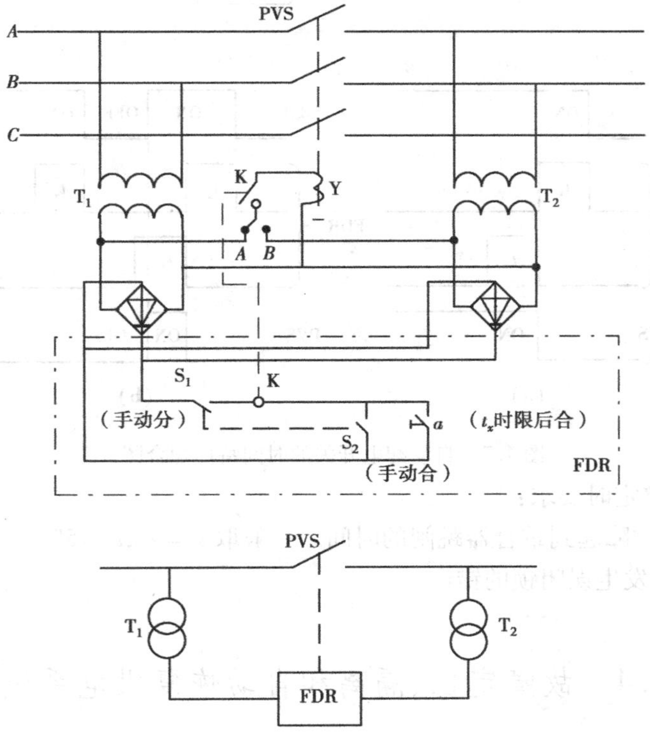

(解释性原理图)

图4.6 自动配电开关原理接线图

工作过程说明如下：

正常运行时，设电源侧在图示左侧，故接入 T_1。整流后的直流电压经 S_1，S_2（手操作的分、合接点开关）或 a 接点（自动动作时才工作）使继电器 K 的线圈带电，K 接点闭合于 A 侧，使 PVS 的接触器线圈 Y 带电，PVS 闭合，接通馈电线路。

若接入的 T_1 因任何原因失电，则 K，Y 均失电，PVS 主触头自动分断。上述 PVS 闭合过程可以是由 FDR 的 a 接点经 t_x 延时闭合而接通（此时 S_2 不闭合）合闸回路。t_x 称为闭合时间。

自动配电开关可用于辐射形网络，还可作为环网的联络开关。

（2）**自动配电开关的时间特性**

自动配电开关有两个时间特性。开关的工作与这两个特性密切相关。这两个时间特性以其时间参数 t_x，t_y 说明。t_x：由上述已知，称为开关闭合时间；t_y：称为故障检测时间（有关逻辑电路未在图 4.6 画出）。t_y 的作用是：当 PVS 经 t_x 时间合闸后，开始计时 t_y，若在未超过 t_y 的时间内开关装置又失压，则 PVS 分闸，并被闭锁于分闸状态，待下次再来电时，开关装置不会自动合闸；若 PVS 经 t_x 时间合闸后，闭合触头的运行时间大于 t_y，则即使自动开关因电源侧失电而跳闸，并不闭锁；当电源侧来电后，开关将会再经 t_x 合闸。图 4.7 给出自动配电开关与重合器配合时，配电开关时间特性配合的说明图。

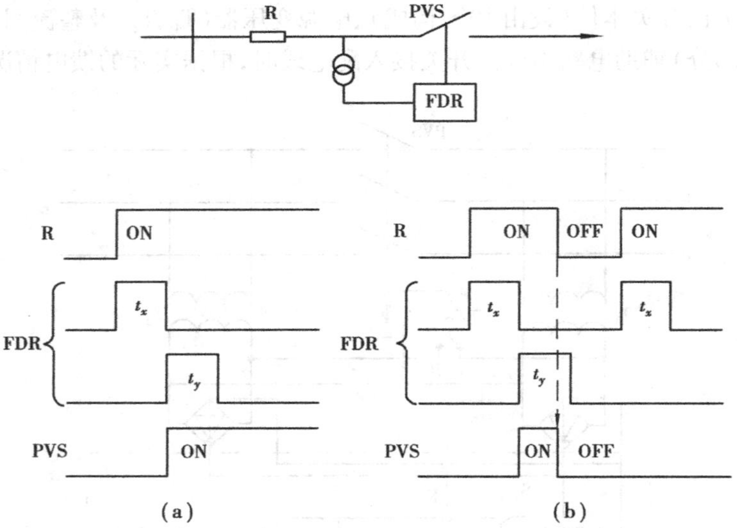

图 4.7　自动配电开关的时间特性配合图

自动配电开关整定时要求：

$t_x > t_y$ 从检测到故障起到重合器跳闸的时间。一般取 $t_x = 7''$，$t_y = 5''$。

若 $t_y > t_x$ 则可能发生误闭锁的错误。

4.4　故障定位、隔离和自动恢复供电系统

在配电自动化中，故障定位、隔离和自动恢复供电系统是一项重要的自动化功能，以致在某些论述中将其称为馈线自动化。

4.4.1 系统的组成与功能

配电网络均有大量的中低压馈电线路，由于故障引发部分区域停电时有发生，应用故障定位、隔离故障和自动恢复供电系统，能使受到故障影响而停电的非故障区域迅速自动恢复供电。这一系统又称为故障识别和恢复供电系统或故障处理系统，是馈线自动化的主要内容。

为实现这一功能，沿馈电线路将配置各种自动开关。当今有多种实现这一功能的组成形式。最早的组成方式为重合器与分段器（包括电压—时间型分段器）的组成形式；还有全部由重合器、全部由带保护及重合闸的断路器组成的形式。以上各种形式的馈线自动化是一种当地控制方式；现今，利用通信系统，可实现远方控制方式，是在每个分段开关处装设 FTU 并引入变电站主站及通信网来实现馈线自动化。

4.4.2 重合器与分段器组成的故障定位隔离与自动恢复供电系统

重合器与分段器组成的故障定位、隔离与恢复供电系统有两种形式，即重合器与电流型分段器组成的系统及重合器与电压—时间型分段器组成的系统。

(1)重合器与电流型分段器组成的系统

以图 4.8 所示的树状网为例说明系统工作过程。图中 R 为重合器，S_1，S_2 为电流型分段器，设给定计数次数为二次，重合器动作设为三慢一快，则当图示 K_1 点发生相间短路故障时工作过程如下：

1)暂时性故障。重合器 R 感受故障经保护整定时间跳闸，分段器 S_1 在流过电流时计数 1 次。开关主触头仍为闭合状态，S_2 未流过电流故不计数，R 经过慢延时重合。因是瞬时性故障，重合成功，经过一段时间后分段器 S_1 恢复初始状态。

2)永久性故障（见图 4.8 工作说明）。R 感受到故障后跳闸，S_1 计数 1，未到计数 2，故未跳闸。R 延时闭合，因故障仍存在，故又经保护整定时间跳闸，同时 S_2 计数为 2 后，在 R 再次跳闸后，也随之跳闸。R 再经延时重合，因 S_1 已隔离故障点，故 R 重合成功，恢复对 S_2 后面非故障区的供电。

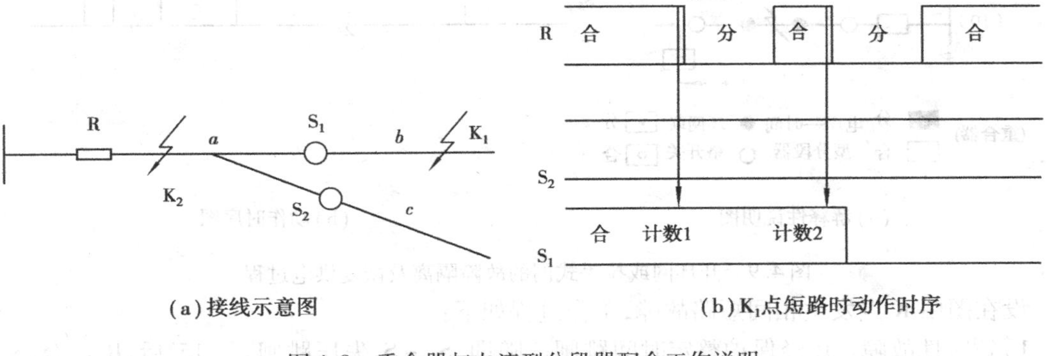

(a)接线示意图　　(b)K_1点短路时动作时序

图 4.8　重合器与电流型分段器配合工作说明

当在 K_2 点故障时只由 R 确定其工作过程。当有分支或多个串联 S 连接时，故障定位、隔离和恢复供电过程仿上述方式进行。

(2)重合器与电压——时间型分段器构成的系统

设整个系统是配置于一个开环运行的环网，或拉手式网，如图 4.9 所示。这种运行的环网或拉手式网是配网常见的方式。图中 S_5 是联络开关,可以是重合器或电压—时间分段器,现设为是电压—时间型分段器。S_5 另一侧的电源侧重合器、分段器,图中不再画出。每一个分段开关处都接有分支线或配电变,图中也未画出。设重合器的工作方式为一慢一快。一般情况下,慢为 15″,快为 5″。S_1 ~ S_4 的 $t_x=7''$,$t_y=5''$。S_5 的 $t_x=t_L$ 应大于网中可能串联的分段器的 $\sum t_x$,图示 $t_L \geqslant 4\times7''=28''$(设网络中 S_5 另一侧的分段器串联数等于或小于 4)。

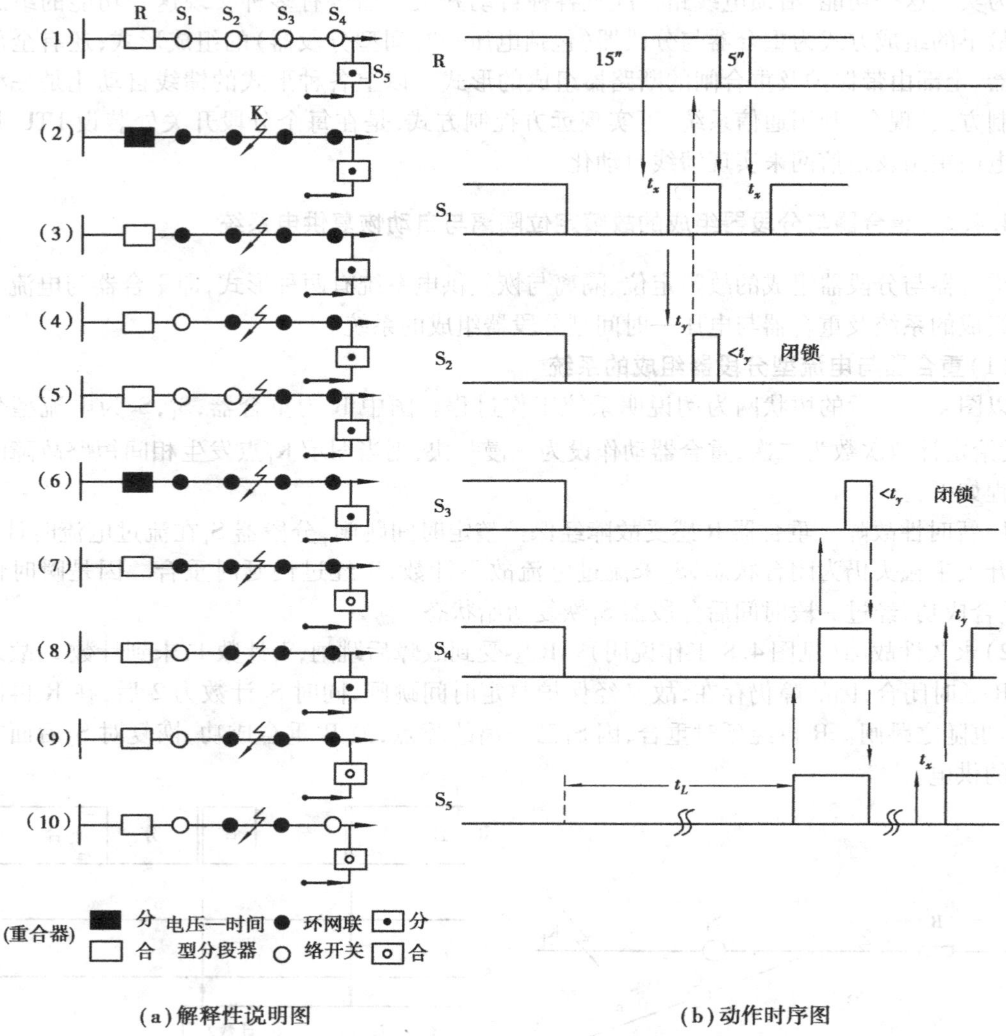

图 4.9 开环网或拉手式网的故障隔离及恢复供电过程

设在图中 K 点发生相间短路故障,工作过程如下:

1)暂时性故障。R 经保护整定时间跳闸。随即,S_1 ~ S_4 失压跳闸,经 15″后,R 重合,S_1 ~ S_4 依次每隔 7″闭合一个。S_2 合上时,故障已消失,故 S_3,S_4 顺次合闸。当 S_4 合上时,已是 R 重合后 28″。为避免 S_5 此时合闸,取 $t_L>28''$,例如为 45″。整个系统在 $15''+28''=43''<45''$ 后恢复供电。

2)永久性故障(见图 4.9(a)解释性说明图,(b)动作时序图)当 R 经过第一次跳闸并重合后(见图4.9(a)(3)),S_1经$t_{x1}=7''$重合;S_2感受到电源侧有电后,经$t_{x2}=7''$重合(见图4.9(a)(4)、(5)),由于重合于故障上,R保护又启动,经过$t_D<t_y$跳闸。则S_2的PVS触头闭合的时间小于t_y,故随之跳闸并闭锁,S_1的PVS触头闭合时间大于t_y,跳闸,不闭锁。S_3因线路电源侧带电时间小于t_{x3},故未闭合其PVS;同理S_4为断开状态(图4.9(a)(6)),之后,R以"快"的方式再重合(见图4.9(a)(7))。S_1感受到电源侧有电,经t_{x1}闭合PVS,S_2闭锁,不合闸(见图4.9(a)(8)、(9));同时,在R第一次跳闸时S_5开始计时,在$t=t_L$后,S_5闭合其PVS。之后,$S_5 \to S_4 \to S_3$及S_5另一侧电源的重合器工作过程仿上述分析,最终得图4.9(a)(10)所示结果。故障被S_2,S_3的分断而定位、隔离,非故障区域重新恢复供电。

整个工作过程可用图4.9(b)的动作时序图简洁说明。

(3)重合器与分段器组成的故障定位隔离与自动恢复供电系统的特点

重合器与两类分段器构成的系统可以不用通信网就能实现故障隔离与自动恢复供电,投资少但存在较多缺点。

1)重合器与电流型分段器配合方式是配网自动化早期采用的方式,简单易行、投资少。但分段器要记录一定次数后才能分闸,重合器有多次跳合闸过程,不利于开关本体,且对系统用户冲击大,可靠性低。同时,最终切断故障的时间过长,尤其是串联型网络远方故障时更严重。

2)重合器与电压型分段器配合时,对于永久性故障,重合器固定为两次跳合闸,可靠性比与电流型分段配合时高,但故障最终隔离时间很长,尤其串联级数较多时,末级开关完成合闸时间将会长达几十秒,影响供电连续性。

两种方法在故障定位、隔离时,会导致相关联的非故障区短时停电。而且,两种方法均要求配电运行方式相对固定,故只适于网络较简单的系统。

4.4.3 采用带重合闸的断路器构成的故障处理系统

当馈电网都采用断路器作为电源出线与分段点开关时,可以在没有通信系统的条件下迅速实现故障处理。图4.10给出一个拉手网络结构示意图。B_1,B_2是两个电源点的出线断路器,$F_1 \sim F_4$为分段路器,HW为环网联络开关,正常运行时处于分闸位置。

$F_1 \sim F_4$在故障处理时,是以失压跳闸方式受控,在有压后重合,如重合不成功,则以过电流速断方式跳闸,跳闸后闭锁重合。出线开关应在供电范围末端短路时以定时限保护动作,重合闸带后加速。

讨论图示K点发生永久性故障时的故障处理过程:

当在F_1与F_2之间线路发生永久性故障后,B_1定时限电流保护动作跳闸,F_1,F_2感受失压后跳闸(图4.10(2));同时,HW感受到F_2—HW间无压,将延时启动,准备合闸。然后,B_1重合,并短时开放重合闸后加速(图4.10(3));分段开关逐段顺序进行有压重合,同时并判别故障:F_1先重合于故障上,然后快速跳闸(图4.10(4)、(5)),实现故障隔离,并恢复B_1至F_1段供电。之后,HW的延时到,HW合闸(图4.10(5))。F_2感受有压重合,因故障仍存在,F_2保护快速跳闸(图4.10(6)、(7))实现自动恢复供电。

当为暂时性故障时,故障处理过程不再说明。

由于断路器具有遮断短路电流功能,上述故障处理方式明显比重合器与电压型分段器配合方式快,且当故障不发生在出线断路器与第一个分段断路器之间时,出线断路器只跳闸一

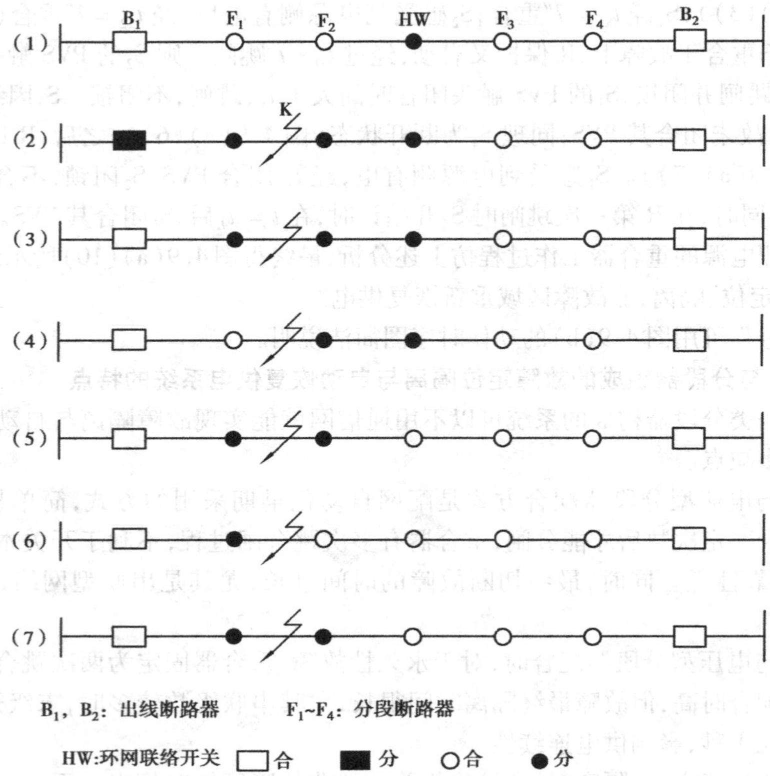

图 4.10　开环运行拉手网络中永久性故障时的故障处理过程

次，然后重合。当故障发生 B_1 与 F_1 之间，且为永久性故障时，B_1 将在第二次跳闸时才断开故障。故系统的可靠性高。

4.4.4　基于 FTU 的故障处理系统

配电网采用基于 FTU 的故障处理系统时，其出线开关、分段开关，联络开关均为断路器。控制开关的 FTU 就近装于柱上开关本体处。各 FTU 以光纤方式构成独自的通信网，并归属于变电站的一个专门子站。

以图 4.10 所示环网说明基于 FTU 的故障处理系统的工作。设图 4.10 的 F_1，F_2，HW，F_3，F_4 均装有 FTU，顺序为 FTU_1 至 FTU_5 以高速光纤通信网联络，并归属于一个变电站内。各开关选择性保护均在对应的 FTU 中，这是 FTU 将测到的电流、电压以及功率方向信号，自行整定定值送到子站去通过故障判别算法分析比较，得出选择性结果。通信网能以 0.1 s 内完成网络内各开关保护的纵向配合。关于故障判别的算法不再介绍。

仍以图 4.10 中 K 点发生相间短路为例说明，当 K 点故障，B_1 启动限时速断，设为 0.7″，F1 启动限时速断设为 0.3″(保证选择性)。F_1 跳闸，经整定时间后 F_1 重合。若是瞬时性故障，则重合成功；若是永久性故障，则 F_1 再跳闸，并闭锁。完成故障点与电源点的隔离。与此同时，变电站中的通信子站确定了故障位置在 F_1，F_2 之间(根据 B_1，F_1 通过短路电流，而 F_2 无短路电流判断)，则发令先分开 F_2，后合上 HW，完成故障区完全隔离及无故障区的供电自动恢复过程(转移至 B_1 供电)。

其他线路故障仿上述方法分析。

具有FTU、利用通信网的故障处理方法明显优于前述的各种就地控制方式。此法又称为智能式馈电自动化。当通信网络故障时，各FTU在发现通信失败后，自动延时转换为就地功能，此时，FTU以链形电路的继电保护形式相互配合，实现有选择性的切除故障。故整个网络仍能实现故障区域的确定、隔离及自动恢复供电。

4.4.5 单相接地故障的处理

前述故障处理，均指相间故障时的故障处理系统。我国中低压配电网是小接地电流系统，发生单相接地故障后，允许电网继续运行1～2小时。在此期间，应找出故障点并排除。

实践表明，单相接地发生的几率高，而故障多为非金属性接地，故障电流与负荷电流相差不大，只有通过母线的零序电压及馈线的零序电流的检测来判断是否有故障。但在配电网中，三相负荷常常是不平衡的，因此，正常运行情况下，也有零序电流。要判断接地故障，必须能区别正常与故障的零序电流值。通常接地后，接地位置至电源侧的分段开关流经的零序电流会明显增大。

当馈电线配置FTU，且FTU能检测零序电流时（带零序TA作测量元件）利用下述方法，能区别不对称运行产生的零序电流与单相接地故障时的零序电流。

正常运行时，FTU动态记录一段时间（0.1 s左右）的零序电流波形。当发生单相接地故障后，变电站低压母线上的零序电压增大，以此作为启动信号，使各FTU冻结接地前零序电流波形，开始记录故障后的接地零序电流波形（可与正常记录时间相同），并传送到变电站子站，通过分析比较，就可判断出故障发生的线段。

这种方法的缺点是：向子站发出冻结命令有时延，因而各FTU冻结的零序电流波形中已含有故障后的波形。准确的方法是在每个FTU中都加上开口TV进行零序电压检测，从而就地获得启动信号。

假设配电网是图4.10表示的开环运行的环网。线路分段开关及联络开关均为具有检测零序电流和零序电压的FTU。设在F_1—F_2之间发生单相接地故障，经检测零序电流后发现：B_1至F_1区间有大的零序电流，而F_2至HW的零序电流未改变，故判断为F_1—F_2之间故障，则F_1跳闸，HW先合闸，F_2再跳闸，完成故障隔离与负荷转移工作。在整个处理故障过程中，非故障区始终保持不停电状态。

4.5 就地无功平衡与馈电线电压调整

根据无功就地平衡原则，若能在配电线路上进行无功就地补偿，则配电网基本不送或只送很少无功。而且在馈电线上进行电容器的投切，投资少、见效快。目前，补偿电容器已安装到配电变，由TTU实现监控。

馈电线的无功平衡与电压调整可相对独立实施或配合运行。

4.5.1 就地无功平衡

由安装于馈电线上的电容器与FTU来完成这一功能。FTU有事先整定好的启动值自动控制电容器投切,以改善配置电网的功率因数。整定值在一定范围可调。装置定时检测馈电线的电流、电压、计算无功,以此对整定值做出比较,确定电容器是否该投切。TTU 对配电变侧电容器的投切仿此。

4.5.2 馈电线电压调整

对于某些沿线负荷较重的馈电线路,可以通过安装于馈电线中间的分步调整变压器来改善馈电线的供电质量。分步式调整变压器有专门的控制器,根据实时电压高低对变压器进行升降控制。

一般地,分步式调整变压器可调步数为 5 步,每步改变电压 1.5% U_e(额定值),该变压器也可手动,由人工就地进行调整。

电容器的投切,也能起到一定的电压调整作用。故最简单的馈电线电压无功调控就是电容器的投切。

4.5.3 电压/无功综合控制

利用通信网,将配网中设有电压/无功调控地区的电压、无功信息传送到相应变电站进行计算后,确定电压/无功的综合调节。在配电网中正常情况下,总是要求电压控制优先于无功控制,因此,调控时,应于满足电压优先原则。

在馈电线自动化中,常将故障一次定位、隔离和自动恢复供电系统与电压/无功综合控制合称馈电线综合自动化。

4.6 负荷控制系统

负荷控制系统是指配电网借助通信方式,实现对用户负荷控制的自动控制系统。它是配电自动化的一个组成部分,是实现节约用电、安全用电的一项重要技术手段。

根据采用的通信方式的不同,当今的负荷控制系统可分为工频负荷控制系统、音频负荷控制系统,配电网载波负荷控制系统以及无线电负荷控制系统。

负荷控制系统由负荷控制中心(一般在变电站内)和负荷控制终端、通信道组成,前者也称为主控站。负荷控制终端(Load Control Terminal Unit—LCTU)装于用户侧。LCTU 可分为两类,一类是单向终端,单纯受控;另一类是双向终端,能向主控站传递信息和受控,而变电站中的负荷控制中心可由变电站主站管理。

本节扼要介绍几种负荷控制系统。

4.6.1 工频负荷控制系统

工频控制又称过零技术,以下对工频控制系统的基本原理进行介绍。

1)通过位于变电站内或变电站附近的用户变压器低压侧的工频信号发射机,产生工频控制脉冲。将该脉冲加于该侧电压基波电源上,使特定的几个电压波在过零前 20°~50°因脉冲波的叠加而发生波形畸变。这是有规律的畸变波,一连串有规律的波形组成一个有用的信息(编码信号)。该信号经变压器高压侧、配电线路传到该供电区域所有变压器,再经变压器传到低压配电线路,此时的波形如图 4. 11 所示,波形在过零时畸变(故称过零技术),装于各变压器低压侧的接收机收到含有编码信号的畸变波,并检出该信号。被确认为某一接收机的指令时,该接收机按指令要求操作用户(开关或表计检测)。

2)在配电网中的工频控制发射机和接收机由于受发射机功率所限及电网中发射功率衰耗,一台工频控制发射机控制的供电面积小,因此,在一个配电网中要装设若干台发射机,全部发射机由位于大型变电站或调度中心的中央控制。中央控制机向若干台"当地控制器"发送命令,当地控制器接收中央控制机来的信号后,启动发射机,在中央控制机不工作时,当地控制器可进行就地控制。

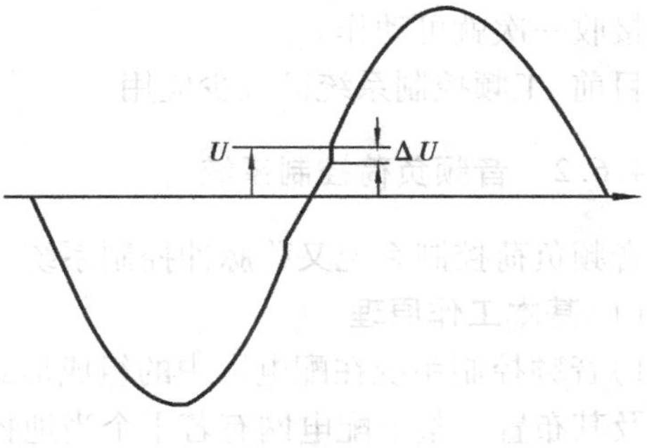

图 4. 11　用户变压器低压侧信号波形

3)对于被调制的电压波,由于通常电网中的噪声电平为 1% 左右,选择信号比率$\frac{\Delta U}{U}=5\%$就可获得足够的信噪比。ΔU 为工频脉冲信号幅值。

4)编码信号组成的实现。将固定长(即一定个数的工频波)作为一个信息字。对每一个工频电压波形加上或不加上工频脉冲波,从而使信息字成为具有不同含义的指令。例如一条指令假设用连续的 34 个电源电压波组成,可能的信息字组成如图 4. 12 所示。将 34 个波的组成称为一个信息字。第一个波形被加工,构成启动码。之后,设只能对奇数波才可以进行脉冲加工。将第 3 个波到第 23 个波组成地址码。其中可供加工的码位为 11 个,在 11 个码位中,若只取 3 个作为可加工位,则可能的组合数为 $C_{11}^{3}=\frac{11!}{3!\ (11-3)!}=165$,即可以选择 165 个地址。第 25 至 31 个波形组成操作码,可供加工的码位为 4 位,若按 4 取 1 作为操作信息,则可以有 4 种操作。第 34 个波形进行加工,构成结束码。设被加工的波形为数字 1,未加工的波形为数字 0,34 个周波就组成一个二进制组码。对应每个波形可称为一个码元,同样,若干码元构成一个带信息的码字。

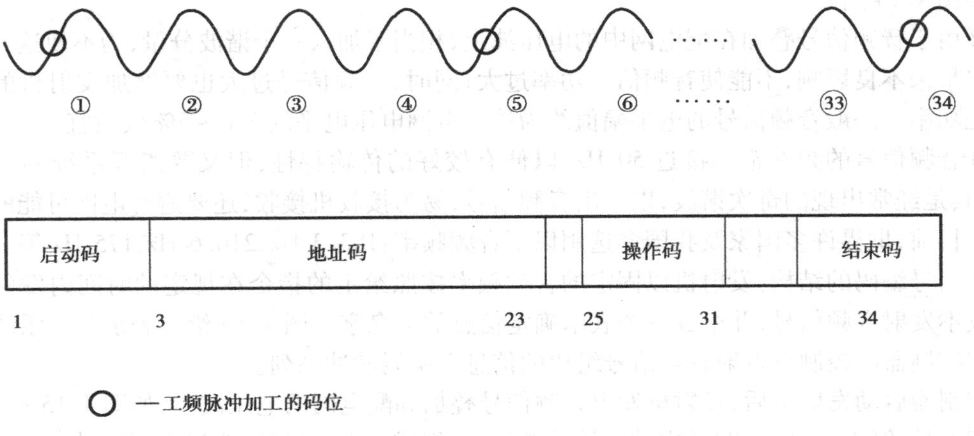

图 4. 12　编码信号的组成

接收机接收信息字时,首先进行码的数量判别。当确认前 33 个码元中"1"信息均在奇数位,第 34 个码元为“1”信息时,表明收到一个完整码字。之后从地址码判断是否是对本接收机作用。是,则继续执行操作码规定的操作;不是,则等待。

为提高接收机正确接收码字的概率,发射机发送一条指令时,要连续发多次,接收机只要正确接收一次就可动作。

目前,工频控制系统已较少应用。

4.6.2 音频负荷控制系统

音频负荷控制系统又称脉冲控制系统。这是一种单向通信方式,适宜作负荷控制使用。

(1)基本工作原理

1)音频控制系统在配电网中的组成形式。图 4.13 给出音频控制系统在配电网中的基本配置及其布置。整个配电网有若干个当地控制器。当地控制器可以接收调度站中央控制机的命令并执行,还能就地对所属供电区域发出指令。

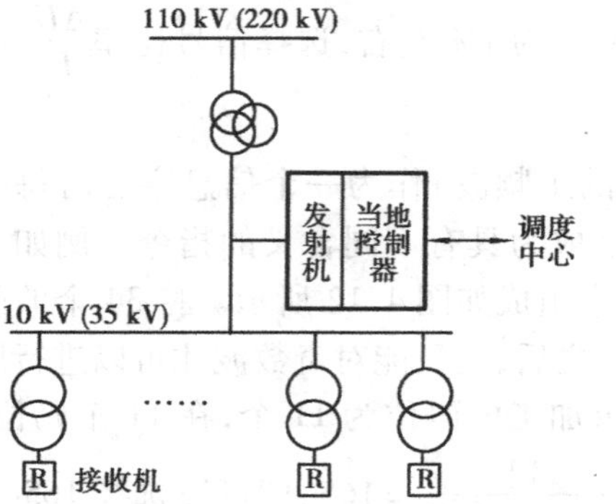

图 4.13 音频控制系统在配电网中的布置

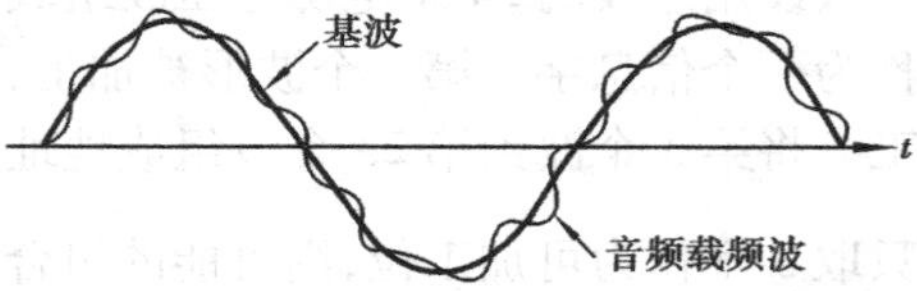

图 4.14 音频信号叠加在电源波上示意图

2)基本原理。

①类似于工频控制,但在音频控制技术中,是用 167 ~ 1 600 Hz 的音频信号经编码器去调制 50 Hz 的电压波,并随这一网络中的馈电线传输到所在供电区域。被调制后的工频电源电压波如图 4.14 所示。

②由于音频信号叠加在配电网中的电压波上,相当于加入一个谐波分量,为不使这一分量给用户带来不良影响,不能使音频信号功率过大;同时,音频信号过大也要增加发射机的成本与消耗功率。一般音频信号的电平幅值约为接入电网电压电平的 3% ~5% 较适宜。

③音频信号的频率希望接近 50 Hz,以便有较好的传输特性,但又要避开系统的各次谐波,尤其是经常出现的奇次谐波,以突出音频信号,易为接收机接收,还要避开电网可能的谐振频率。目前,世界许多国家及我国多选用以下音频频率:183.3 Hz,216.6 Hz,175 Hz 等。

④信号编码的结构:发射机以固定的音频频率按照给定的指令在规定的时间内发射音频信号或不发射音频信号,并组成一个表示确定信息的信息字。图 4.15 给出表示某一系统的发射机在控制器的控制下发射音频信号组成的信息字编码脉冲系列。

控制器启动发射机后,发射机发出音频信号叠加到配电网的电压波上,如图 4.15 所示,当时间到 t_0时,停止发射。t_0时间内的电压波被调制,组成一个长脉冲,为启动码脉冲,宽度为 t_0。之后,发射机停发音频信号,构成宽度为 t_1 的脉冲间隔。然后是 t_2时间为可能发送音频信号(“1”信号)的时间,t_2为脉冲宽度。若 t_2时间内不发信号,则表传送 0 信号。如此,直到 n 个脉

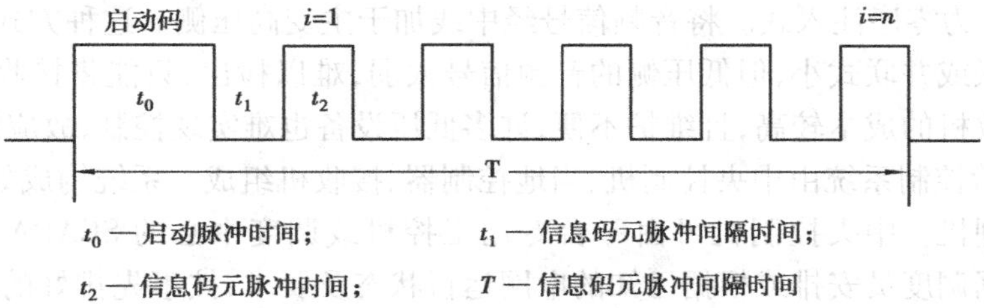

t_0 —启动脉冲时间；

t_1 —信息码元脉冲间隔时间；

t_2 —信息码元脉冲时间；

T —信息码元脉冲间隔时间

图4.15　音频控制系统信号编码脉冲系列

冲发送结束，完成一个信息字编码的加工，这一信息字的长度为 $T = t_0 + n(t_1 + t_2)$。

将 n 个码元脉冲分成地址码与操作码。例如，设 $n=20$，取前10个脉冲，按10取2作地址码，则一个被控电网中，可同时安装 $C_{10}^2 = \frac{10!}{2!\,(10-2)!} = 45$ 个接收机。后10个脉冲假设按10取1作操作码，则可进行10种操作。实际使用时，地址码还可按先将电网内接收机分组，再按组找接收机方式安排，构成分组编码。

为保证编成的信息码字有较强的抗干扰力，选取启动码宽（t_0）、脉冲间隔（t_1）、脉冲宽度（t_2）均较长。例如，$t_0 = 1\,600$ ms，$t_1 = 1\,460$ ms，$t_2 = 540$ ms，设 $n=50$，则一个信息码字的长度 T 达到 101 600 ms = 101.6 s。一般的 T 均为几十秒。作为配电网的正常操作，这一时间是允许的。这样的编排，保证了可靠性，且不必设置复杂的抗干扰编码措施。

（2）音频负荷控制系统的构成

1）音频发射机与电网连接方式。音频发射机与电网连接方式也即是音频信号注入电网的方式，可能的形式有三种，如图4.16所示。图4.16（a）为串联注入式。音频信号发生器输出经注入变压器B接入主变压器的低压侧，主变压器低压侧电压串接音频信号后才加于低压母线上。图中P为吸收回路，其目的在于使P的阻抗 Z_P 与主变压器的等效阻抗 Z_T 并联，形成一个等效的低阻抗，音频信号电压 U_T 在这一等效阻抗上的压降小，而使大部分 U_T 进入受控网络。

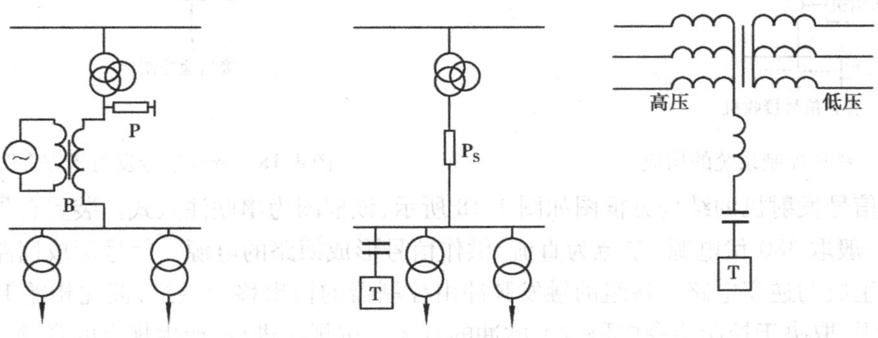

（a）串联注入　　（b）并联注入　　（c）零序注入

T —音频信号发生器　　P —吸收回路　　P_S —音频阻波器

图4.16　音频信号向电网的注入方式

图4.16（b）为并联注入式。音频信号发生器经电容耦合到母线上。为使该信号均能进入受控电网，在主变压器低压侧串接音频阻波器 P_S，P_S 对音频信号呈现高阻抗，使音频信号基本不进入主变压器高压侧。

图 4.16(c)为零序注入式。将音频信号经中线加于主变高压侧。这种方式的特点是发射机的功率比串联或并联式小,但低压侧的音频信号太弱,难以检出,只能将接收机也接在高压侧。这就使接收机的成本较高,且维护不便,许多低压设备也难实现控制,故应用较少。

2)音频负荷控制系统由中央控制机、当地控制器、接收机组成。系统构成如图 4.17 所示。

①中央控制机。中央控制机可由一台专用工控机或调度中心的 SCADA 主站兼作控制机。控制机根据调度员安排或根据已知的电网运行状态及要求,按事先排好的程序经 m 个通信接口、通道,向 m 个当地接收器传送命令。同时检验发送的信息,如正确,就确认;如错误,则重新发送命令。

中央控制机发送命令的同时,存储并记录发送命令的内容与时间,留作检验。

②当地控制器。安装于变电站的当地控制器有三个功能:一是接收来自中央控制机的命令,并转发给发射机;二是就地独立向发射机发出指令;三是起到就地 RTU 作用,采集变电站的数据。

因此,当地控制器可由变电站自动化系统的主站兼任,但要配上适当的接口及缓存器。

为了能就地发送指令及接收中央控制机后,转发命令给音频发射机,当地控制器应有统一的编码及发码器。

③音频信号发射机。音频信号发射机的作用是接收当地控制器传来的命令信息码,并转变成具有一定功率的音频信号,传送到电网去。

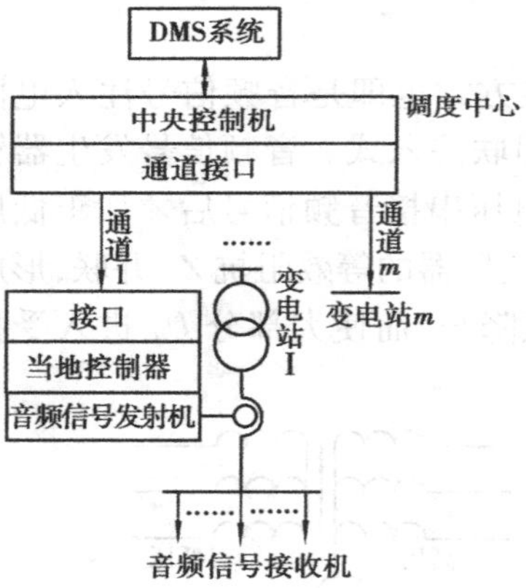

图 4.17　音频控制系统的构成

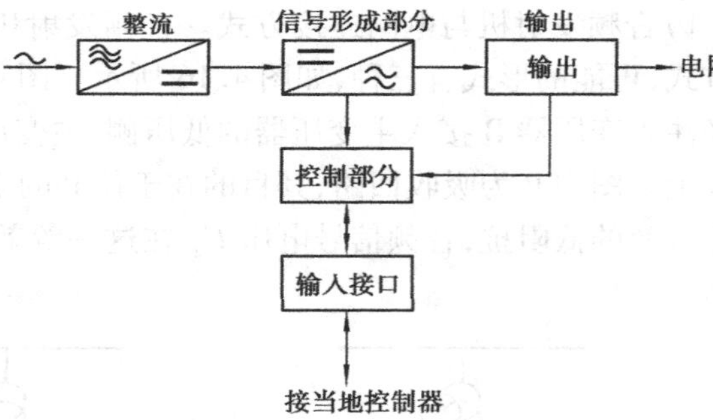

图 4.18　音频信号发射机方框图

音频信号发射机的结构方框图如图 4.18 所示,该框图为串联注入式。装置首先将低压交流电源(一般取 380 伏电源)整流为直流,供作信号形成回路的电源。信号形成回路为三组可控晶闸管组成的逆变电路。各组的触发脉冲由控制器的输出移相供给,彼此相差 120°。触发脉冲的有无,取决于控制指令中码位上脉冲的有无。按规律进行,产生规定的音频信号。

三相逆变器产生的三相音频信号各自接至相应的三相输出电路。输出电路由返回信号检查回路、谐振回路、输出变压器组成。返回信号检查回路将音频信号返送回控制器,再经接口送到当地控制器转送到中央控制机,作信号校核用。谐振回路由 LC 组成对给定的音频形成低阻、并对工频有较大阻抗。使输出波形较好,输出变压器以串接方式接入变电站主变低压侧。

④音频接收机。音频接收机结构如图 4.19 所示。装置由信号检出、译码器、执行输出三

部分组成。

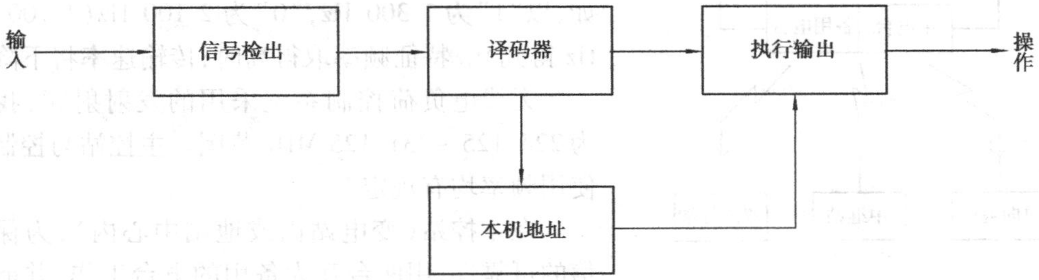

图 4.19　音频接收机结构框图

信号检出为一窄带滤波器构成的检波电路。检出输入波形中的音频信号，并经放大整形还原为脉冲信号，然后送到译码器。

译码器由码宽鉴别与译码两部分组成。码宽鉴别首先判别输入的码元脉冲宽度，符合设定则进入译码，否则不接受。译码部分先识别地址，这可将本机地址与输入地址作比较。若两地址不符合，则表示此条指令非本机要执行的，接收机复归到初始等待状态。若两地址符合则接收操作指令，并将应执行命令送缓存区，再输出到执行电路。执行电路一般由输出继电器构成，完成相应的操作。

4.6.3　配电网载波负荷控制

配电网载波（DLC）是指 10 kV 线路上的载波通信，一般地，其载频为几十千赫，其工作原理及方式与输电系统的电力线载波是相同的。配电网载波可以沿 10 kV 线路将通信直接延伸到用户端，在配电网通信中用途较广。当用作负荷控制时，其工作模式与音频控制相似。

配电网载波系统由中央控制机、载波信号发生器与控制器、载波增音机及远方终端装置组成。中央控制机装于调度端，由专门设置的控制机或 SCADA 系统主机或工作站兼，载波信号发生器和控制器安装于变电站，从属于变电站综合自动化系统。由于配电网结构复杂，线路长短不一，在线路末端载波信号可能会很弱，则要加增音机提高载波信号的电平。而控制器与载波信号发生器组成的子系统不仅接受中央控制机的控制命令，并转发给安装于馈电线上或直接到用户的载波信号接收机，也可直接向接收机发送控制指令。同时，这一系统还可以直接采集当地与用户的实时运行参数存储于变电站，还能转发到调度端。此时，其控制器与载波信号发生器实际已构成了变电站级的 SCADA 主站。

系统的接收机实际上就是 FTU。此时，接收机有传送实时信息的功能。而负荷控制实际就是一个遥控过程。

4.6.4　无线电负荷控制系统

无线电负荷控制系统在我国是一种应用较广的负荷控制形式，其调制方式为移频键控调制，传输速率为 50 ~ 600 b/s。无线电负荷控制系统很容易实现双向传输信号，典型的无线电负荷控制系统组成如图 4.20 所示。

无线电负荷控制系统的工作有两个重要技术参数，一为基准灵敏度，另一个为特征频率。

基准灵敏度指负荷控制终端能正确识别、接收的按照规定已调制的射频信号输入电压值，约在 1 ~ 4 μV 范围。

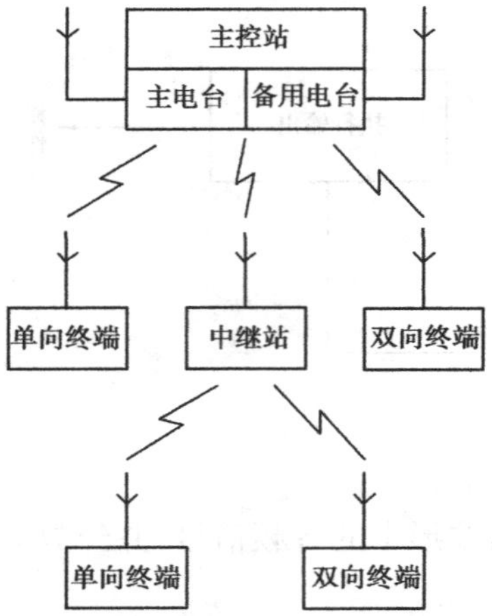

图 4.20　无线电负荷控制系统的组成

特征频率指数字“1”、“0”的数字调频频率。例如,以“1”为 1 300 Hz,“0”为 2 100 Hz(1 700 ± 400 Hz 得到)。特征频率取得高时,传输速率将下降。

无线电负荷控制系统采用的发射射频,我国取为 224.125 ~ 231.125 MHz 范围。主控站与控制终端使用频率均有规定。

在主控站(变电站内或地调中心内),为保证通信的可靠性,用两台互为备用的电台工作,并能自动切换,电台的功率一般在 25 W,当控制的负荷终端距离较远时,系统中加设中继站,用来接收、放大转发信息。中继站一般是无人值守的,因此要求高可靠性,并有可靠的工作电源与备用电源。

不论哪一种原理实现的负荷控制系统的主控站均可设计成专门的计算机系统,使其具有丰富的控制与管理功能。即不仅进行负荷控制还能作各种关于负荷控制的事件记录,信息储存等功能。若负荷控制系统由地调中心实施,也可以由地调的计算机系统完成主控站任务。

第5章 用户电力技术概论

5.1 概 述

自从1988年美国电力科学院提出灵活交流输电系统(Flexible AC Transmission Systems—FACTS)的概念已来,在输电系统得到很大的关注。FACTS技术得到推广运用,并一直是电力系统研究的重点,究其原因是FACTS技术能使电力系统中影响潮流分布及运行稳定性的三个主要电气参数:电压、线路阻抗及功角可以按照系统需要迅速调整,而又不改变网络结构,使电网的功率输送能力及潮流、电压的可控性大为提高。因而在提高电网运行能力、保证电能质量上有重要作用。至今,FACTS技术仍在发展,运行经验也在积累中。

FACTS技术实际就是电力电子技术与计算机实时控制技术的结合。由于计算机控制技术的可操作性、可移植及可伸缩性等特点及控制系统的鲁棒性,故也被称为柔性控制。从而,FACTS技术也被称为柔性输电系统。

在配电网自动化得到重视的同时,上世纪90年代初,电力电子技术开始在配电网中得到运用。目前,这一技术的运用已得到肯定,并在逐渐推广中。这一技术在配电网中,被称为用户电力(Customer Power—CP)技术,也常被称为配电网的FACTS(Distribution FACTS-DFACTS)。

配电网中,应用晶闸管投切电容器,就是一种最初使用的用户电力技术。在配电网中运用的用户电力装置有新型静止无功功率发生器、动态电压恢复器、有源电力滤波器、固态断路器、可控制动电阻器、综合潮流控制器、可控串联补偿器等。

随着电力电子技术的进一步发展,在整个电力系统中,FACTS技术会得到更广泛的应用,最终进入没有电压波动、无不对称、无谐波、可随时满足负荷对供电质量要求和高可靠性的柔性化电力系统。

本章在说明配电网使用用户电力技术原因的基础上,择要介绍几种DFACTS装置的工作原理及用途。

5.2 目前配电网存在的问题及用户电力的提出

5.2.1 目前配电网存在的问题

1)配电网直接负荷区:这类负荷区往往离电源点较远,且负荷变化快。输电系统受本身稳定性条件限制,输电线路传输能力往往得不到充分利用,反过来,对配电网要求高,以适应输电系统。

2)配电网面对用户,而网络中常出现多种干扰及电压闪变、谐波等不利于供电质量及可靠、灵活运行的因素。尤其是配电网中大型电动机的启停、电容器的投切都会造成电压下跌、上升的突变,等等。

3)配电网有许多负荷对电压波动很敏感,从而对电能要求高,有的负荷对电压有严格要求。电压突跌,闪变已威胁多种用电设备正常安全工作。例如,当电压突然下跌持续时间超过2~3个基频周波时,一些精密加工机械的驱动电动机出力就受影响。甚至,有的会发生不可挽回的损害。

4)经济合理运行的要求。

5.2.2 目前解决配电网运行中问题的办法

现在的配电网中,虽已有良好的通信网络及计算机监控系统,但因断路器和有载调压装置是机电型的,且有载调压装置和无功补偿都是离散非连续调节方式,所以,当配电网运行中出现上节所述问题,需快速、连续、准确实现调控时,往往难以达到要求,对某些问题,则可能有解决的办法,但不经济或不是最佳。例如,安装备用电源自投,采用备用发电机组,对每台对电源敏感的负荷装不间断电源等方法。因此,寻求更好地解决问题的办法,始终是电力科技工作者追求的目的。

应用DFACTS技术是当今解决上述问题的良好方法,且DFACTS技术的运用,将使配电网运行更可靠、合理。

5.2.3 多种用户电力技术设备

应用电力电子技术配合合理计算机监控系统,构成多种用户电力技术设备。这些设备服务于不同目的:或实现连续可调的电压无功调整、或抑制谐波、或抑制电压闪变、或使输电线实现最佳潮流等。根据其工作目的,有不同的用户电力设备。本章只介绍其中的几种较成熟装置。

5.3　固态断路器及故障电流限制器

5.3.1　固态断路器(Solid State Breaker—SSB)的性能、用途及工作原理

(1)固态断路器的结构、原理

SSB是由大功率门极可关断晶闸管(GTO)或晶闸管(SCR)构成的交流可控开关。其工作原理可用图5.1的下部虚线框分来说明。该图表示的是由数组GTO组成的单相交流可控开关电路,当应用于三相电路时,由三组相同电路组成。

SSB由两只GTO反向并联组成一个交流开关模块,并在模块两端并上吸收保护装置(SNBR)。当一个模块不能承受所在电路电压时则按所在电路的额定电压串接多个模块组成开关。目前已有10 kV及以下电压级别的SSB。

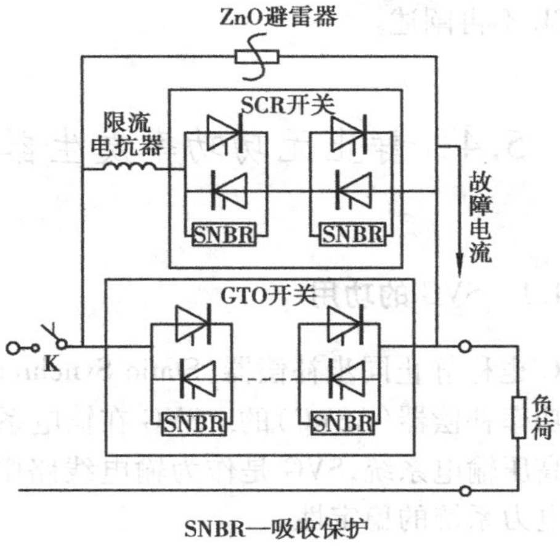

图5.1　具有限制故障电流的固态断路原理性结构图

由GTO特性可知,对一只导通的GTO,即使外施电压未过零时,对其控制极施加一关断脉冲,则GTO经过不大于2 μs的关断时间可关断回路,而其开通时间一般也只为1 ~2 μs。故SSB是高速开关。

(2)SSB的功能、用途

由于SSB跳闸时间极快,故可提高系统故障切除时间或使停电时间缩短,并可选择合适的跳闸时刻,例如,选择在电流过零时动作,可降低过电压。

SSB与故障限制器配合,则可构成功能更完备的断路器。

5.3.2　故障电流限制器(Fault Current Limiter—FCL)

(1)功能

现代电力系统的日益发展,单机容量不断加大,低阻抗大容量变压器在配电网中的应用不断增长,配电网也不断发展,这使电力系统的短路容量日益增加。因此,必须满足短路电流过大所带来的更苛刻的要求。最简单的做法是加限流电抗器。但在电网正常运行时,电抗器有压降及损耗,若减少限流电抗,则又难以达到短路时明显的限流目的;若因过大的短路电流,需更换遮断容量大的断路器及相关电气设备,则投资增大。

采用故障电流限制器则能减轻断路器负担,从而选用轻型断路器仍能保证良好的运行可靠性。

(2)固态短路限流器

有多种形式的故障电流限制器(FCL),如磁能式超导体限流器,以电力电子元件为基础构成的是较实用的FCL;固态短路限流器又因按不同原理而有图5.1所示的由SCR控制的并接于GTO固态断路器的FCL;还有谐振式限流器,无损耗电阻器式限流器等。以下介绍图5.1

所示形式的 FCL 工作原理。

该图所示 FCL 工作过程如下述：限流器部分由 SCR 开关电路及限流电抗器组成。正常运行时，GTO 导通，限流回路断开。当发生短路时，在短路电流达到第一个峰值前，GTO 断开，SCR 闭合，使限流电抗器 L 串入短路回路，达到限流目的。同时，由于 GTO 的迅速截断，将产生很大的 di/dt 及 dv/dt。故用 ZnO 避雷器抑制 di/dt，而吸收保护抑制的 dv/dt。

目前国内外在研究并接于机电式断路器，例如并接于真空断路器上的 FCL 装置。其他形式的 FCL 不再阐述。

5.4 静止无功功率发生器(Static Var Generator—SVG)

5.4.1 SVG 的功用

SVG 也称静止同步补偿器(Static Synchronous Compensator—STATCOM)，也有称为新型静止无功功率补偿器(ASVC)的。SVG 在输电系统及配电网中都得到极大重视。

在高压输电系统，SVG 是作为输电线路中间及受端的电压支撑，从而提高输电线的输送容量和电力系统的稳定性。

在配电网中，SVG(也有称为 D—STATCOM)多安装于变电站主变低压侧，作为良好的、连续可调的无功补偿装置。以取代电容器投切或无功补偿器(SVC)。还可视 SVG 为一交流同步电压源，提供灵活的电压控制、抑制电压波动。

因此，从 1985 年美国投入第一台 STATCOM，至今，STATCOM 的运行中的若干问题及改进，以及其对电力系统的影响仍是电力工作者关注的问题。

本节只对 SVG 在配网中的工作(即为 D—STATCOM 形式)进行阐述。

5.4.2 SVG 的基本组成及工作原理

(1)SVG 的组成及工作过程

SVG 由直流电容器 C、可控电压型三相变流器及与系统连接的变压器 T 组成。图 5.2(a)为装置的组成结构图。变压器一侧接于变电站主要电压母线上(一般为 10 kV 侧)，另一侧则与变流器相接。三相变流器由 GTO 构成(也可由其他全控型大功率晶体管组成)。变流器每个桥臂包括一个 GTO 与一个反向并联二极管。由于二极管整流桥的存在，电容器 C 的两端有图示正负极。控制 GTO 的通断，可使桥臂上的电流既可正向也可反向流动。

图 5.2(a)所示变流器的每一桥臂构成一个交流开关。交流侧每一相连接于左右两个开关上，例如 A 相，左边是 G_4D_4 构成的开关，右边是 G_1D_1 构成的开关，以此类推。当变流器处于逆变状态时(认为电容器已充电)，控制 GTO 通断的信号这样安排：在任一时刻，每一相只能是有一个桥臂开关导通，开关导通的改变是对相应的 GTO 给出控制信号强迫进行。例如，假定 G_1 正在导通，电流 I_d 按图示参考方向流动。若在 G_1 导通过程中给 G_1 一个关断信号，G_1 关断，变压器的电流 i_a 不能突变，迫使 D_4 有电流流过，以维持 i_a。于是，A 相由原来经 G_1 接于直流电压源正极改为经 D_4 接于其负极。又如，假设某一时刻是 D_1 导通，给 G_4 加一控制脉冲使其导通，则 D_1 自动关断。A 相与直流电压源的连接由正极转为负极。控制对 G_1，G_4 触发信号的发

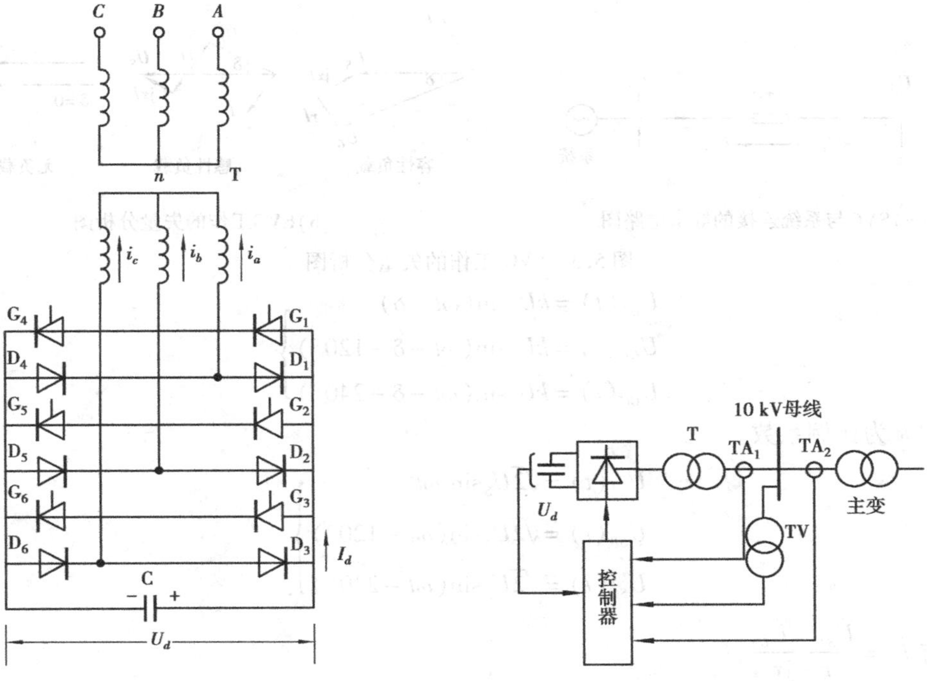

(a)SVG原理性结构图　　(b)SVG及其控制系统框图

图 5.2　SVG 原理性结构示意结构图

出时刻,则变压器的 A 相将有宽窄可控的直流电流脉冲流过。

B,C 相的工况同 A 相,只是时间相互相差 120°。

图 5.2(b)是 SVG 及其控制器连接的系统框图。控制器测量连接变压器系统侧及变电站主变的电流及电压、直流电容的电压 U_d。交流量采用交流采样,故可以计算出逆变器交流侧及主变负荷侧的电流电压相位差角。控制器起两个控制作用:①保持电容 C 上的电压 U_d 为恒定,这样,变流器处于逆变工作时,视为接于一恒压源;②控制各 GTO 的通断,实现无功功率的补偿及抑制电压波动。

(2)SVG 工作原理

通过控制 GTO 的开断,对工作于逆变状态的变流器产生的有规律的可控脉冲波处理后,在交流侧产生一个相位与幅值均可调的基波对称的三相正弦电压。

设作为逆变器时,输出电压为 $\dot{U}_G$,变压器短路阻抗及逆变过程损耗等效阻抗之和为 $r+jx$,系统母线电压为 $\dot{U}_S$,则 SVG 与系统连接的等值电路及不同负载时的矢量分析如图 5.3 所示。

将 SVG 视为一等效阻抗,$\dot{I}$ 为系统输入装置的电流。由图 5.3(b)矢量图可见,在逆变工况下,$|\dot{U}_G|$ 高于系统电压 $|\dot{U}_S|$ 时,SVG 等效为一电容器,发出滞后的无功功率给系统。当 $|\dot{U}_G|$ 低于 $|\dot{U}_S|$ 时,SVG 发出超前无功功率,等效为一电抗器。

在理想情况下,将变压器、GTO 均视为理想元件,设系统三相对称,且无谐波,并设 $\dot{U}_S = \dot{U}_S\angle 0°$,$\dot{U}_S$ 与 $\dot{U}_G$ 的相位差角为 δ,且 $\dot{U}_S$ 领先 $\dot{U}_G$ 时,δ 为正,反之为负。设图 5.3 中电流为 SVG 指向系统,直流电容器的电压 $\dot{U}_d$ 不变,则有

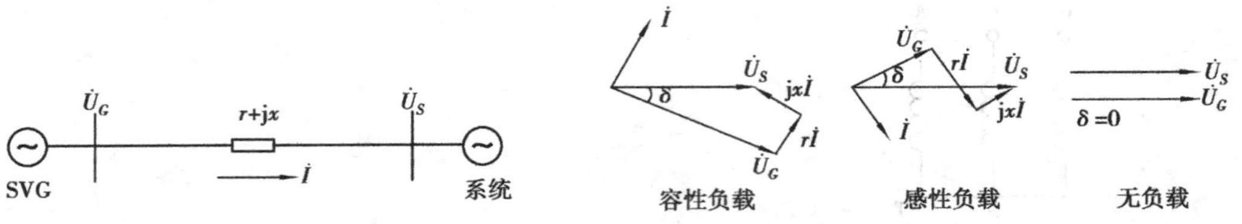

(a) SVG与系统连接的等值电路图　　(b) SVG工作的矢量分析图

图 5.3　SVG 工作的矢量分析图

$$\left.\begin{aligned}U_{GA}(t)&=kU_d\sin(\omega t-\delta)\\U_{GB}(t)&=kU_d\sin(\omega t-\delta-120°)\\U_{GC}(t)&=kU_d\sin(\omega t-\delta-240°)\end{aligned}\right\}\tag{5.1}$$

式中 k 为比例系数。

$$\left.\begin{aligned}U_{SA}(t)&=\sqrt{2}U_S\sin\omega t\\U_{SB}(t)&=\sqrt{2}U_S\sin(\omega t-120°)\\U_{SC}(t)&=\sqrt{2}U_S\sin(\omega t-240°)\end{aligned}\right\}\tag{5.2}$$

且有 $\dot{I}_A=\dfrac{\dot{U}_{SA}-\dot{U}_{GA}}{r+\mathrm{j}x}$　(5.3)

可以推导出 $U_d=\dfrac{\sqrt{2}}{rk}U_S(r\cos\delta+x\sin\delta)$　(5.4)

并有 $S=P+\mathrm{j}Q=3\dot{U}_{SA}\dot{I}_A^*$　(5.5)

可以推导出 SVG 送入系统的有功功率及无功功率为：

$$\left.\begin{aligned}P&=-\frac{3U_S^2\sin^2\delta}{r}\\Q&=\frac{3U_S^2\sin 2\delta}{2r}\end{aligned}\right\}\quad(r>0)\tag{5.6}$$

可见，$\delta>0,P<0,Q>0$，SVG 吸收有功，发无功；

$\delta<0,P<0,Q<0$，SVG 吸收有功，吸收无功；

$\delta=0$，装置与系统无功率交换。

故改变 δ 大小、方向，就可以改变装置输出无功的大小及性质。同时，表明 $\delta\neq0$ 时，P 始终为负，说明装置总要从系统吸取一定的有功功率来维持电容器电压 U_d 及平衡装置的损耗。

(3) **实用** SVG

以上说明了 SVG 的工作原理。但基于图 5.2 所示的 SVG 输出 U_G 为阶梯形脉冲波。故在输出 U_G 的基波时，还含有大量谐波，而不能使用。

实用的 SVG 要用以下方法使谐波限制在容许值内：

1) 多重化技术：采用多台三相可控变流器，且各自有其连接变压器。各变流器的交流输出电压，分别为 $U_{G1},U_{G2},\cdots,U_{Gn}$。各 U_{Gi} 幅值相同，而有固定相角差。例如：$n=4$，设 $\dot{U}_{G1}=U_{G1}\angle0°$，则可以有 $\dot{U}_{G2}=U_{G1}\angle15°$，$\dot{U}_{G3}=U_{G1}\angle30°$；$\dot{U}_{G4}=U_{G1}\angle45°$。连接变压器副边并联后连接至主系统。这样的四重化，可使 SVG 输出的三相线电压为谐波含量小于 6.8% 的阶梯波。

额定工况时电流总谐波畸变率小于4%。这就能成为实用的装置。

2)链式电路结构:三相逆变桥的每一相由多个独立的单相逆变桥直接串联组成,各单相桥有各自的直流电容器。整个装置只有一台连接变压器与系统相连。对各单相桥的输出电压进行有规律的控制,其输出电压 U_G 的总谐波率可控制在允许范围以内。由于只有一台连接变压器,节省了多重变压器,并避免了多台变压器铁磁非线性带来的问题,且单相逆变桥易实现模块化。链式电路实现的难点是各单相逆变桥的直流侧电容电压易出现不平衡,这是装置安全可靠运行需要解决的问题。

关于SVG运行及控制策略等问题不再阐述。

5.5　动态电压恢复器(Dynamic Voltage Restorer—DVR)

5.5.1　DVR 的功用

随着配电网中各种电压敏感负荷的增加,对电能质量提出了更高要求。而电力系统中由于系统事故,大型设备的启停、雷击等原因引起的电压闪变、跌落等干扰都是无法避免的。而且目前电网中,供电中断后快速恢复供电能力远不能满足许多敏感负荷的要求。因此,当出现干扰时,仍能向用户提供稳定不间断的优质电力已是必需。

动态电压恢复器DVR是当今解决上述问题最好的选择。DVR串接于需要优质电力的馈电线上,对该线路实现动态的实时电压补偿,使负荷端得到期望的优质电力,保证敏感用户设备正常、不间断地运行。

5.5.2　DVR 的结构及工作原理

(1)结构

DVR由三相变流器、直流储能装置、滤波器及串接入线路的变压器以及装置的控制器组成,图5.4为DVR主电路结构示意图(未给出控制器回路)。图中,可控整流器的输出维持直流电容C上电压为恒定,这一恒定直流电压作为逆变器的直流电压源。逆变器结构同5.2(a)形式,可为GTO或其他全控型晶体管构成,其受控工作过程也同前述。滤波器的作用在于对逆变器输出电压滤去高次谐波。三相变压器的副边串接于负载线路,该线路的负载通常为敏感负荷。

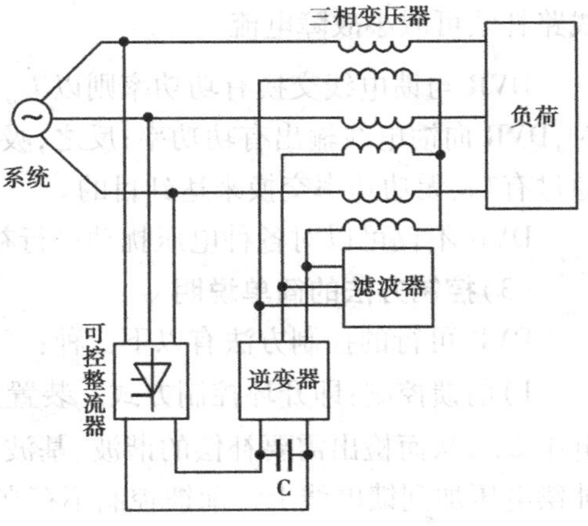

图5.4　DVR主电路结构示意图

(2)工作原理

DVR补偿电压波动的工作原理可用图5.5(a)的单相等值电路,以及相应忽略线路阻抗及DVR内阻 Z_D 的理想状态的矢量图(图5.5(b))来说明。

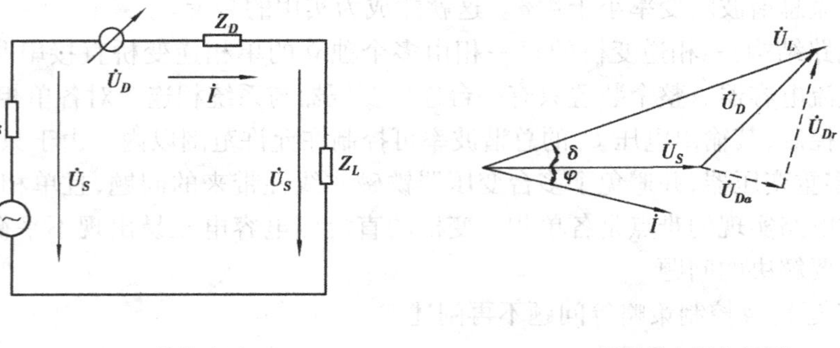

(a)等值电路　　　　(b)理想状态下矢量图

图5.5　DVR接于系统的等值电路及矢量图

DVR给出的补偿电压为$\dot{U}_D$，作为电压恢复功能，显然要求$|\dot{U}_D| = |\dot{U}_L - \dot{U}_S|$，此处，$\dot{U}_L$为负荷要求的合格电压或电网中未有干扰前的负荷侧电压，$\dot{U}_S$为电网的实时电压。

当电网电压不符合敏感负荷要求时，DVR通过检测电网侧电压和/或负荷侧电压后，经控制策略运算产生控制信号对逆变器进行控制，DVR经串接变压器向馈电线注入幅值、相角可调的电压$\dot{U}_D$使负荷侧电压质量得到保证。整个响应时间极短，仅为数毫秒，能满足动态补偿的要求。当按相控制时，可实现对不平衡三相电压的补偿。

由图5.5(b)可见，对DVR输出的$\dot{U}_D$改变相角，可实现双向电压补偿，即对电压凹陷或突升均可补偿。

由于DVR向电网注入$\dot{U}_D$，从而，DVR与所在馈线之间交换有功及无功功率，产生的无功功率由$\dot{U}_D$与线路电流$\dot{I}$相垂直的分量$\dot{U}_{Dr}$(见5.5(b))的乘积确定。$\dot{U}_{Dr}$超前$\dot{I}$90°时，称为串接感性线路补偿；反之，$\dot{U}_{Dr}$滞后$\dot{I}$90°，为串接容性线路补偿。当受补偿的馈电线故障时，容性线路补偿可减小故障电流。

DVR与馈电线交换有功功率则以$\dot{U}_D$与$\dot{I}$同相或反相的分量$\dot{U}_{Da}$与$\dot{I}$的乘积确定，同相时，DVR向馈电线输出有功功率；反之，吸取有功功率。可见，DVR对负荷电压的补偿实际是通过有功、无功功率交换来达到目的。

DVR不仅可以对各种电压扰动进行补偿，也可对谐波及不对称电压进行补偿。

(3)控制方法的简单说明

DVR可行的控制方法有以下三种：

1)前馈控制：即开环控制方式。装置只测量电网侧电压U_S，并给出期望的三相基波正序电压U_S^*，从而检出需要补偿的谐波、基波负序分量及基波正序跌落(或突升)电压，直接给出补偿电压加到馈电线上。前馈控制不存在稳定性，动态响应特性好，但因变压器及线路阻抗影响，补偿的U_D在大小及相位上均有偏差。

2)反馈控制：即闭环控制方式。装置直接检测负荷侧电压U_L，并根据要求得到偏差信号来进行控制。补偿精度高于前馈控制，但控制系统的增益不能过大，以免影响稳定性。其动态响应速度没有前馈控制快。

3)复合控制：即前两种方式的结合，它集中了两者的优点。

5.6 用户电力控制器(Customer Power Controller—CPC)的概念

用户电力控制器(CPC)可视为SVG与DVR的结合,其结构图如图5.6所示。图示两台变流器共用一个直流电容器C。C上的直流电压由变流器1维持不变,并联的变流器1及变压器T_1组成一个SVG,而变流器2与变压器2组成一个DVR。故CPC可视为SVG与DVR的有效组合。因而CPC兼有两者的功能,可作配电变电站内无功补偿、调压、谐波抑制、提高供电质量用。当然,也可以作改变T_2所在线路的潮流使用,面对用户,满足用户需要。

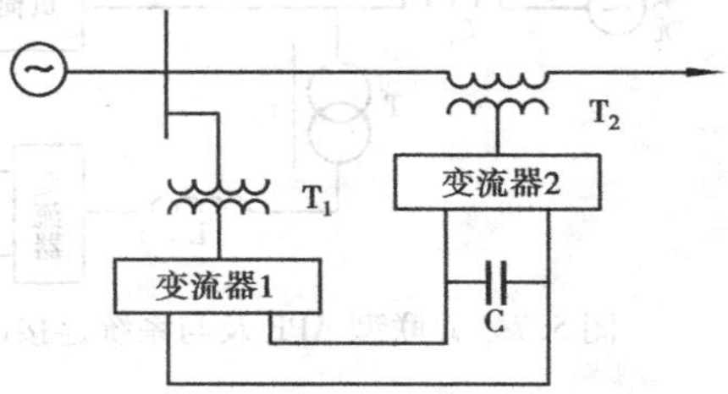

图5.6　用户电力控制器结构示意图

在输电系统的FACTS技术中,具有上述结构的装置称为统一潮流控制器(UPFC)。此时,UPFC主要功能是对所在输电线路实现串联补偿、移相和调压,使该线路具有需要的最优潮流。

5.7 有源电力滤波器(Active Power Filter—APF)

5.7.1 现代电力网的谐波源及传统谐波抑制方法

1)电力系统中有许多非线性负荷,这是导致电力系统产生谐波的原因。由于大型冶炼设备、电气化铁道、交流调速系统及各种电力电子设备等非线性负荷的增多、谐波污染已是电力系统的大害,故一定要治理。

2)直接对非线性负荷施加正弦电压,负荷电流中将产生谐波电流,故非线性负荷是谐波电流源。当谐波电流流经电源内部等效阻抗时,在阻抗上产生谐波电压;若此电源向其他负荷供电,则所含谐波电压又会在其他负荷中形成谐波电流,而且,通过变压器,谐波还可以传到高压电网。

3)传统的抑制谐波方法。

①在补偿电容器上串联电抗器,合理的选择电抗器的电抗值,可防止谐波电流放大及起到一定的滤波作用。

②在大型非线性负荷处装设专门的无源滤波器(PF)。

③尽量减小谐波源产生的谐波量,例如将三相整流器改为六相或十二相整流器,平滑波形,等等。

传统的方法中,实际只有无源滤波器(PF)是对已产生的谐波起抑制作用的。但无源滤波器存在以下缺点:滤波特性受系统参数的影响大,只能消除特定的几次谐波;滤波与无功补偿有时难协调;谐波电流增大时,滤波器负担加重;体积大。

5.7.2 有源滤波器的功能及工作原理

(1)功能

利用GTO或其他全控型晶体管构成的有源滤波器(APF)是抑制谐波的重要方法。与无源滤波器比较,APF 有以下特点:①具有可控性及快速响应性;②不仅能补偿各次谐波,还可抑制电压闪变、补偿无功;③滤波特性不受系统参数影响,不会产生与系统阻抗发生谐振的危险;④具有自适应功能,可自动跟踪并补偿变化的谐波。

(2)**结构及工作原理**

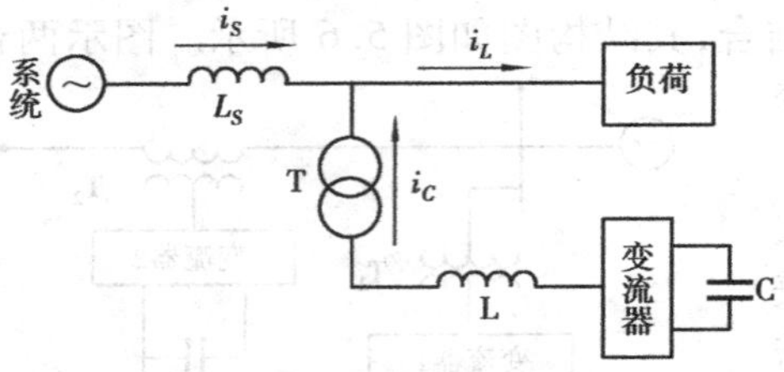

图 5.7 并联型 APF 及与系统连接图

根据 ADF 与系统连接方式的不同,APF 可分成并联型、串联型及串—并混合型。其中,并联型是应用较广的 APF,它以补偿谐波电流方式工作。下面以并联型的 APF 来说明补偿谐波的工作原理。

并联型 APF 的结构及与系统连接如图 5.7 所示。APF 本体与 SVG 相似,也由工作于逆变的变流器及直流电容器 C 组成。输出经由电感 L 构成的低通滤波器连接变压器 T 接于系统。向系统输出补偿电流 i_c。图示负荷为非线性负荷,即谐波源。谐波电流补偿原理如下:

设无补偿时,有

$$\dot{I}_L = \dot{I}_{L1} + \dot{I}_H = \dot{I}_{S1} + \dot{I}_H = \dot{I}_S$$

$\dot{I}_{L1}$是负荷电流 $\dot{I}_L$ 中的基波电流

$\dot{I}_{S1}$是系统电流 $\dot{I}_S$中的基波电流

$\dot{I}_H$ 是谐波电流,由谐波源产生。

当有 APF,理想补偿时应有:

$$\dot{I}_S = \dot{I}_L - \dot{I}_C = \dot{I}_{L1} + \dot{I}_H - \dot{I}_C$$

令 $\dot{I}_C = \dot{I}_H$,则 $\dot{I}_S = \dot{I}_{L1} = \dot{I}_{S1}$

即在理想补偿情况下,电网向负荷输送的仍只为基波电流 $\dot{I}_{L1}$。故谐波补偿控制过程如下:

装置检测负荷电流 $\dot{I}_L$,然后滤去基波分量 $\dot{I}_{L1}$,以$(\dot{I}_L - \dot{I}_{L1})$作控制信号控制处于逆变工况的变流器输出,要求得到的输出恰为 $\dot{I}_H$ 且反相。并联 APF 相当于一个电流源,这样的输出加于系统后,就得到完全补偿。实际补偿时,做不到完全补偿,也无此必要,但要能满足系统要求。

实用中,往往将 PF 与 APF 结合使用,可以降低补偿系统的成本。整个滤波装置犹如在电源与负载之间的一个谐波隔离装置。负载的谐波电流因为 APF 而不会流入电网,电网的谐波电压不会加到负载。

当并联 APF 兼作无功补偿时,还应检测 U_S以确定系统的无功状态,控制算法应满足相应要求。

当 APF 为串联型时,则是检测电压,且装置相当于一个受控电压源,装置跟踪电网中的谐波电压,并补偿谐波电压;同时对谐波电流呈高阻抗而减小谐波电流。串联 APF 也可与 PF 并联结合应用。

5.8 用户电力技术提高供电质量举例

几种重要的用户电力技术装置的功能已在前面做了基本阐述。此处就它们的配合应用,简要举例说明。

1)对于重要负荷,可用两台固态断路器分接于两个不同电源向该用户供电,如图 5.8 所示。正常运行时设 SSB1 闭合,SSB2 断开。当任何原因需要切换电源时,可在 5 ms 内快速完成这一转换,向用户提供不间断电源。

2)具有用户电力技术的供电网提高供电质量的例子。设有如图 5.9 所示供电网,A,B 为两个独立双电源。变压器 T_A接于 A 电源,经断路器 1,4,5 供给对断电时间有严格要求(例如不能大于 1 个周波时间)的重要负荷。变压器 T_B接于 B 电源,经断路器 3,6 向一般负荷供电。断路器 1,2 设为 SSB,正常运行时,分段开关 SSB2 断开。3 ~6 为普通机电型断路器,则当线路 A 或 T_A发生故障失电时,SSB1 与 SSB2 快速切换,保证了对重要负荷的不间断供电。

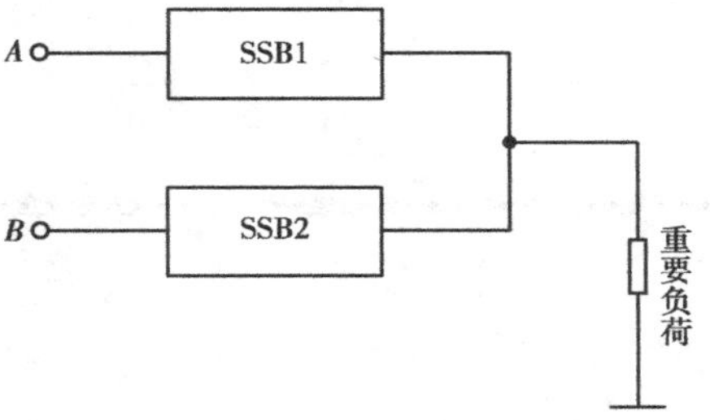

图 5.8　用两只 SSB 构成的固态转换开关

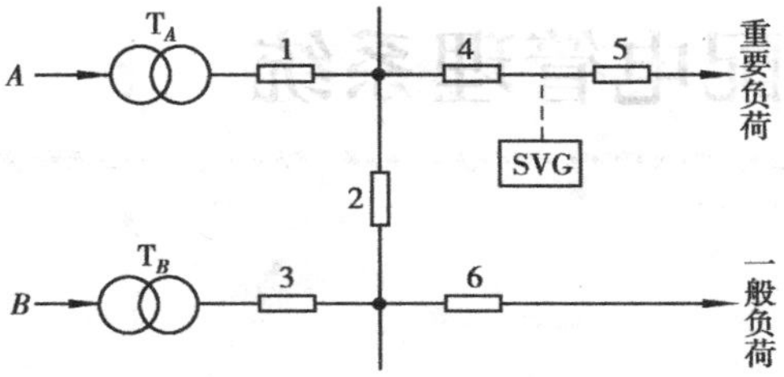

图 5.9　用户电力提高供电质量网络示意图

也可以采用以下办法达到对重要负荷不中断供电的目的:断路器 1 与 2 为普通机电型开关,断路器 4 为 SSB,且在 SSB4 端口接上 SVG。由于 SVG 的接入,正常运行时,该线路不仅有合理的功率因数,且电压基本不波动,并且谐波减小。当所在线路电源侧故障,SSB4 以小于一个周波时间跳闸,SVG 将储存于直流侧的电能继续向重要用户供电,其持续时间应能保证常规机电式断路器消除故障或将负荷转移至无故障馈线上。

3)用 DVR 保证对电压敏感的负荷的正常供电。图 5.10 表示利用 DVR 保证对电压敏感负荷供给正常电压的接线。在向敏感负荷供电的线路上接入 DVR,当临近普通负荷线路故障或输电系统操作或清除故障过程中,母线电压都会突变,DVR 立即提供一个补偿电压 $\dot{U}_D$,使线路末端的敏感负荷得到的仍是正常供电电压。

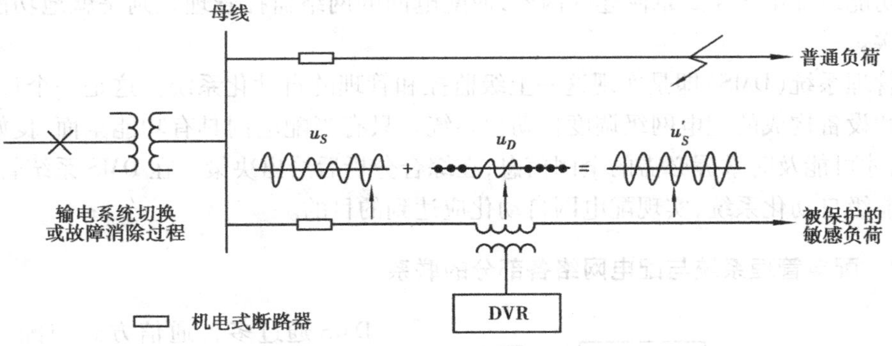

图 5.10　利用 DVR 保持电压正常示意图

第6章 配电管理系统

6.1 概 述

6.1.1 配电管理系统的意义

配电网自动化作为一个整体,其目的在于保证良好的供电可靠性的同时,向用户提供质量良好的电能并降低电网损耗及运行费用。从而,在与用户建立密切关系的同时,取得好的经济效益。为达到此目的,在本书第1章已指出,整个配电网有功能繁多的互有联系的自动化系统。这些系统归纳起来,就是就地监控功能及系统级监控管理功能。

就地功能级即第3、4、5章阐述的内容,而配电网的网络监控管理级则是就地功能级的上级管理层次。

配电管理系统(DMS)即是实现这一上级监控和管理的自动化系统。这是一个计算机、通信等技术和设备构成的配电网级调度自动化系统。只有当配电网具有功能全面、良好的配电管理系统,才可能及时掌握必需的全网信息,在综合分析后给出决策。在DMS系统管理下,配合就地功能级自动化系统,实现配电网自动化应达到的目的。

6.1.2 配电管理系统与配电网络各部分的联系

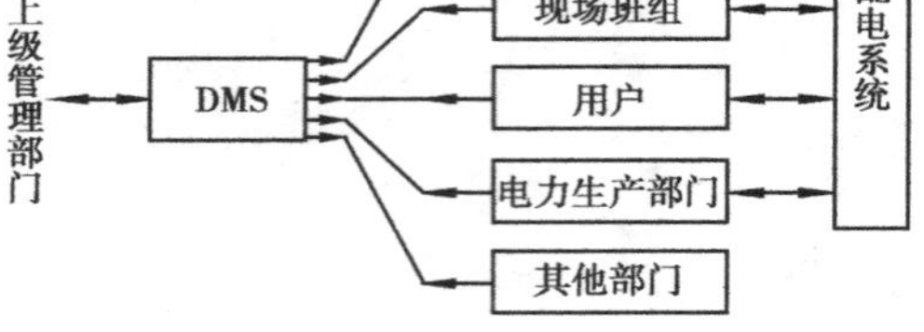

图6.1 DMS与配电网各部门联系示意图

DMS通过多种通信方式与配电网各部分组成一个完整的监控管理网,可用图6.1表示。图中,DMS与变电站、用户均是通过相应通信道实现信息或命令的传递,而现场班组是指在电网中工作的现场人员,现场人员可以通过计算机录取现场信息带回管理部门。生产部门的管理信息系统(MIS)可认为是其他部门的信息系统,它与DMS通过局域网联系。

6.1.3　配电管理系统的功能及结构

DMS 的功能可从两个方面来说明：

1）从结构功能看，DMS 是一个计算机网络，其中包含了 SCADA 服务器、配电网地理信息系统（AM/FM/GIS）服务器及服务于系统的各种功能软件（PAS，常称为高级应用软件）。系统在 DMS 数据库管理系统（DBMS）下协调工作。整个系统还包含了生产管理的管理信息系统（MIS）以及其他有关的服务系统（例如客户呼叫服务，营销信息管理等）。当今的 DMS 结构均趋向模块化结构，按分布式组成系统。

2）从配电网运行管理功能看，SCADA 与 AM/FM/GIS 是 DMS 的两个基本运行管理功能。在这两个功能提供的信息基础上，配合基本应用软件，可以实现多种运行管理功能，主要有：负荷管理、运行监控及故障处理、无功/电压优化及监控、电网分析、维修计划及管理、网络重构、负荷预测、需方用电管理、调度培训模拟等。

由于需方用电管理的重要性及多样性，将其单独列为一章阐述。目前已将负荷管理纳入需方用电管理范畴。

图 6.2 给出了 DMS 的功能及结构示意图。必须指出，DMS 的运行管理功能是由相关的应用软件开发实现。一些论著也将它们纳入 PAS，因此，PAS 可以分为基本应用软件、派生应用软件。

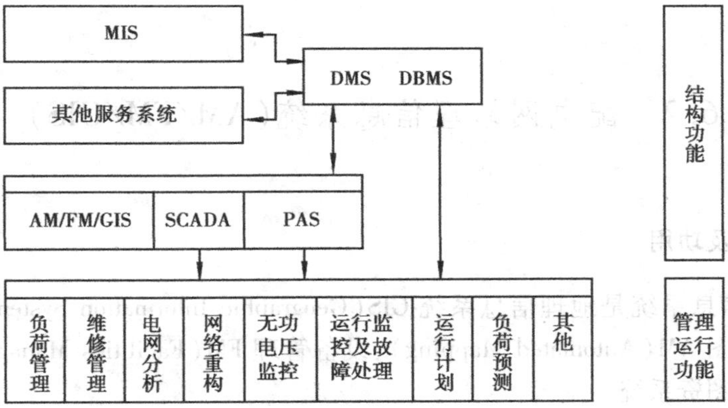

图 6.2　DMS 的功能及结构示意图

6.1.4　配电管理系统的特点

DMS 与 EMS 都是调度自动化系统，由于所管理的网络范围的特点，两者有较多的异同点。

（1）DMS 与 EMS 的相同点

1）均是通过远动通道从 RTU 收集电网中设备的状态量与量测值，并可由调度端下达命令，从而实现 SCADA 功能；

2）均具有若干（远方或就地）自动控制功能；

3）均具有多种应用软件，如潮流计算、短路电流计算、状态估计、网络分析等；

4）均存储有历史数据，供检索与分析使用；

5)均能与其他相关计算机应用系统(如MIS系统)相连,共享数据。

(2)**DMS与EMS的相异点,也就是DMS的特点**

在绪论中,已就配电网特点做了说明,此处从DMS角度归纳如下:

1)EMS是一个基本远动化的纯发电输电管理系统;而DMS没有自动发电控制(AGC),及由此关联的功能,配电网中,除供电设备外,还有大量的需方用电设备,有时还包括若干自备电厂或分散小电源,其管理方式与AGC不相同;

2)DMS面对的配电网,地域虽不及输电系统广,但网络复杂,多为辐射型结构;而典型的输电系统为网状连接;

3)配电网的设备类型多,数量大;

4)基于2)、3)点,DMS的RTU数量大,此外DMS还有TTU收集信息;

5)DMS中数据库规模远比所连输电系统中的数据库大;

6)由于配电网网络复杂,直到目前,配电网中仍有较多人工操作,尤其是现场设备更是如此;而输电系统内基本上实现自动化;

7)配电网内通信方式多,但通信速率相对于同类系统在输电系统中的速率低;作为配电网特有的负荷控制中的通信速率有时更低,这是因为配电网中可以不考虑稳定性问题;

8)配电网运行方式变化比输电系统多,检修更新也频繁。

这些特点直接影响DMS系统的功能及其实施。

由于SCADA系统及变电站、馈电线自动化已做过阐述,本章只就DMS中几个主要功能做出介绍。

6.2 配电网地理信息系统(AM/FM/GIS)

6.2.1 概念及功用

配电网地理信息系统是地理信息系统GIS(Geographic Information System)在配电网中的应用,它由自动绘图AM(Automated Mapping)、设备管理FM(Facilities Management)及GIS组成,也称它为配电图资系统。

配电网中,变电站、馈电线及其各种配置的设备(包括电杆)、直到用户,各种设备的管理任务十分繁重,且均与地理位置有关。此外,配电系统的正常运行、计划检修、故障排除、恢复供电以及用户管理、馈电增容、规划设计等,均要用到设备信息和地理信息。

在图资系统中,GIS提供各种必需的设备的地理信息图,而自动绘图(AM)则是指通过扫描仪将地理图形输入计算机,再将其矢量化,将矢量化的图元与配电网的设备联系起来,通过设备管理(FM)将设备的符号及有关信息标注,则网络设备的全部有关技术档案就给定了。再辅以缩放、旋转以及其他计算机功能,结合SCADA系统,则AM/FM/GIS系统具有以下功能:

1)信息资料可视化,且与SCADA配合,可提供实时信息在GIS图形上,便于调度员掌握系统运行状态;

2)快速查询系统信息及设备参数,大大提高工作效率;

3）可实现图形与数据库之间双向查询，既可在图上查元件参数，也可根据参数定位图元，即设备位置及现状；

4）可以在电路图上作自动状态连接，即改变接线形式，图形数据库和拓扑网络着色也随之自动更新，从而实现调度员不下位操作；

5）可实现供电小区分割处理：在计算机屏幕的地理图上用闭合曲线圈定待分析小区，则AM/FM/GIS系统对该小区的有关元件（用户、电杆、变压器等）的负荷统计列表，可供用户查询及小区负荷预测使用。

6）可提供跳闸事件报告：当配电网中发生跳闸事件，AM/FM/GIS系统将通过图形显示并记录该事件及受影响区域。

AM/FM/GIS系统若设计为开放式，则该系统能接入第三方软件，从而扩大其功能的作用面。

以上充分说明，AM/FM/GIS系统是DMS中重要的基础自动化系统。

6.2.2　地理信息系统（GIS）简介

GIS是配网图资系统的核心，故对其原理作简要阐述。

（1）定义

GIS是计算机图形学、计算机地理制图、数字图像处理和数据库管理技术相结合的一门计算机应用技术。可以定义它是为了获取、存储、检索、分析和显示空间定位数据而建立的计算机化的数据库管理系统。将GIS应用于配电网时，有的地方又称为电力网图形与城市地图信息系统（PNGIS）。

以电力系统的应用来说明GIS。电力系统的运行管理或设计分析人员对电力设施要求两类数据：一类是空间定位数据（简称空间数据），即电力设施所在位置；另一类为电力设施的运行数据，如运行状态和潮流分布等，这称为非空间数据或称属性数据。GIS的主要功能就在于能综合分析与检索空间定位数据，并利用数据库技术可以把设备的地理特性与属性数据一一对应联系起来，从而提高调度员与设备维护人员了解设备工况与处理设备故障的能力。

（2）建立GIS的基本数据源

GIS的功能总是表示于地图上，因此，地图是GIS的基本数据源，这里所指的是数字地图，地图数字化是建立GIS的重要环节。数字化地图是一项系统工程，因为一份地图可能涉及人文、社会、公共设施（如下水道、煤气管道）等信息，故要在国家有关部门监督下统一制作。用户可以利用这些数字地图产生各种新的地图、报表及各种应用系统。

（3）GIS的结构

GIS的体系结构可分为四部分，如图6.3所示。

1）数据输入与编辑整理。这是GIS的第一步工作：将各种原始的地理信息转换成计算机可接受的形式（即转成数字地图或称矢量化）。这可利用数字化仪或扫描仪把地图、图像或规划图输入计算机，然后进行编辑整理，即在任意数据层上添加、修改或删除一些数据，实现区域合并或多幅地图拼接、对地图修改，并将这些数据转换成统一的比例尺上的空间数据，存于数据库。

安装于地调中心的AM/FM/GIS系统可以通过地调的计算机网络取得SCADA送来的信息，同时，还可以通过联网方式，从Internet上取得需要的电力用户信息，并注明在属性数据库内。

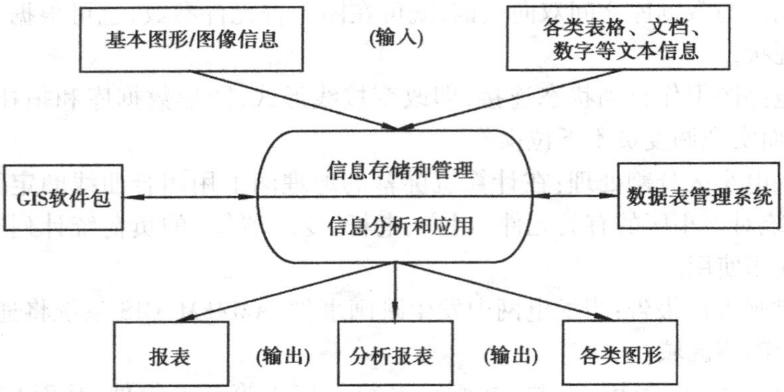

图 6.3　GIS 基本结构图

2)数据存储和管理。已知 GIS 将数据按空间数据与属性数据分类。空间数据是指在二维或三维坐标下,以一种拓扑结构来描述设备位置、相关位置及逻辑连接,这属基本层;属性数据则是对应地理元素各点、线、面的特性和文档,点、线、面中某一坐标处具有某种设备时,则对应地注明该设备的特性与文档。空间数据与属性数据分别存放在数据库中(分层放置),GIS 可建立这两类数据之间的互访关系。

数据库中,空间数据又分层存放:一般,最底层是最基本的地理地貌信息;之后,是公共设施;如果必要,还可加上人文图资(人口分布、就业情况等)。

3)数据分析。数据分析是按 GIS 的应用进行的,GIS 的分析功能大致分为四类:空间信息处理、空间信息分析、数值地形分布、网络分析。根据具体应用,由相应的软件实施上述四类功能中的一类或几类进行分析处理。分析能力越强,GIS 提供的分析结果越有价值。例如,用 GIS 进行某项工程选址、通过建立模型可以解答诸如需要多少投资、有多少用户可以接受、投资回收期、原材料等。显然,能提供分析的项目越具体,结论越可信。

要求较强的分析能力是为 DMS 工作所必须具有的能力。

4)数据输出。GIS 处理和分析的结果可以通过显示器或彩色打印机等输出各种矢量图形、文字报表、分析报表或为其他系统提供底图等。

(4)图形的矢量数据结构表示法

不论以何种方式取得的实体的空间属性(即实体的地理信息),均要以规定的数据结构形式存于空间数据库。GIS 中,采用矢量结构与栅格结构两种数据结构。其中,矢量数据结构虽比栅格法复杂,表达空间变化性能较栅格法差,但其优点是能提供严密的数据结构,提供更有效的拓扑编码,便于分析、输出图形美观,配电网中多数要处理的地理信息为静态的,故比较适合矢量法。

按照矢量法,数字地图以点、线、面三类数据存储。在空间坐标上,给出点、线、面的坐标,就很方便进行实体的空间拓扑关系分析。

用图 6.4 说明点、线、面的表示。点用一对 x,y 坐标表示;线用一组有序的 x,y 坐标表示;面用一组首尾相同的 x,y 坐标表示。

在实用的矢量数据表示中,将线段称为弧,应注明弧的前进方向,说明弧的起点与终点,弧前进方向左、右侧是哪个多边形;而多边形则应顺序标明由哪几个弧组成,多边形邻接的多边形是哪些,并将这些关系列表,构成完整的矢量数据结构表示的空间数据库,也即是其图形文件。

6.2.3 AM/FM/GIS 系统的特点

自动绘图功能(图形的制作、编辑、修改与管理图形)及设备管理功能(各种设备及其属性的管理)都建立在 GIS 基础上。因此,要说明 AM/FM 系统及其功能,也就是说明 AM/FM/GIS 系统的功能。

由 AM/FM 与 GIS 构成 AM/FM/GIS 系统综合了 AM/FM 与 GIS 的特点,因而除具有极强的图形编辑与管理功能外,还具有以下特点:

1)可以利用地理信息与电力系统信息进行相关分析或邻域分析。

2)在 AM/FM/GIS 系统中,画面上显示的设备,可通过不同符号表示,并可用不同颜色来表示其当前状态。例如,用"×"表示受损电杆,用"O"表示完好电杆;用红色表示带电设备,绿色为不带电设备,蓝色为待修设备等。

3)由于设备的各种属性从属于设备,而设备又与地理图形有关,现通行的图资系统中,通常把设备属性数据存放于关系数据库,将图形数据存放于 GIS 图形数据库中,这样的安排方便数据的管理。

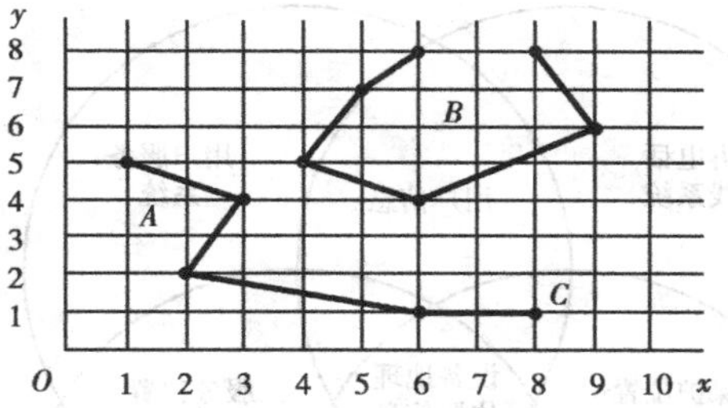

(a)坐标图上的实体

点 号	x, y坐标对
1	8, 1
…	

线 号	x, y坐标对
1	1, 5 3, 4 2, 2 6, 1
…	

多边形号	x, y坐标对
1	4,5 6,4 9,6 8,8 6,8 5,7 4,5
…	

(b)数据结构

图6.4 实体的空间数据表示

4)图资系统中备有多种图符,如线段、弧线、方框等,图符特性均以坐标对形式保存,而图符的属性(大小、长短等)以属性形式保存。

5)GIS 中数据的组织是层次化的,这在前面已提到。层次按自然地理到人工加工的层次划分。这就便于电力设施的管理。例如,地下电缆与架空线路就可能置于两个不同层次,以便维护检修。

6.2.4 AM/FM/GIS 在配电系统中的应用

在 6.2.1 节中已对 AM/FM/GIS 功能做了说明,本节将以较具体的内容说明该系统在配电系统中的应用。

(1)为 DMS 提供多种应用数据

图6.5 为 DMS 典型功能中所需要的数据。由该图可见,许多数据由多个系统共享,并且都与地理位置有密切的关系。这些数据和信息可归纳为两类:①地理数据;②电力设备以及供电服务和用户信息。其中电力设备包括配电网的一、二次设备以及包括这些设备的地理位置及其有关属性。供电服务信息有:供电服务队伍的地理位置、人员情况、工作完成情况等。用户信息包括地理位置、负荷类型、电话号码等。

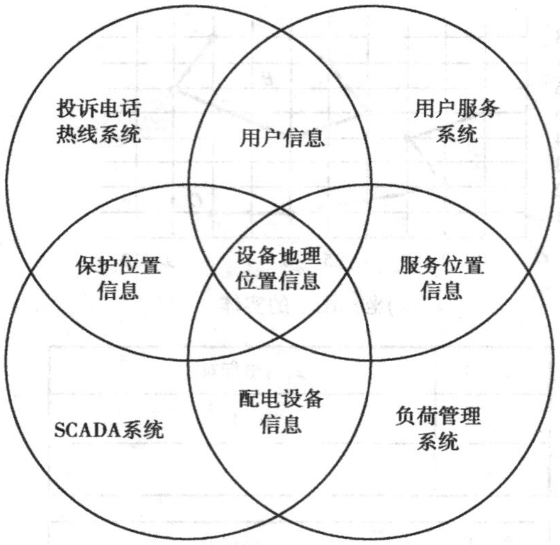

图 6.5　DMS 中典型功能所涉及的数据示意

利用 AM/FM/GIS 提供的数据与信息，才能构成完整的 DMS 系统。例如，DMS 中一些高级分析功能（如投诉电话热线系统、基于负荷点的负荷模型、变电站选址等），如果没有地理信息数据，这些功能就不能获得很好的应用。

(2) AM/FM/GIS 在离线方面的应用

AM/FM/GIS 在离线方面有多方面的应用。主要的应用有以下几个方面：

1) 设备管理系统。在以地理图为背景所绘制的单线图上，分层显示变电站、线路、变压器和开关，直至电杆、路灯以及用户的地理位置。只要用鼠标激活所要查询的厂站或设备图标（包括实物照片在内的图资），即可以窗口的形式显示出相关的信息。这些信息包括生产厂家、出厂铭牌、技术数据、投运日期、编号等基本信息，还包括设备的运行工况信息和数据。

设备管理系统根据提供的信息与数据确定设备的现状及确定维护和检修计划。

2) 用电管理系统。用电管理系统包括对大、中、小用户进行业务扩展投装、查表收费、负荷管理等业务营运工作。使用 AM/FM/GIS 提供的包括街道门牌编号在内的信息，可以促使基层生产班组人员认真核对现场运行情况，及时更新配电用电的各项信息。

利用地理图上的信息查询有关信息数据，方便、直观。

3) 规划设计系统。应用于配电系统的规划设计系统包含合理分割变电站的负荷、调整馈电线路负荷以及增设配电变电站、开闭站、联络线和馈电线，直至配电网改造、发展规划等，设计任务比较繁琐，而且一般都由供电部门自行完成。由图资系统提供的单位地理图（如 0.1 ~ 0.25 km^2）上具有的设备管理和用电管理信息及数据，与小区负荷预报的数据相结合，共同构成了配电网和设计计算的基础。

(3) AM/FM/GIS 在线方面应用举例

AM/FM/GIS 在线应用较多，举例说明如下：

1) 在 SCADA 中的应用。在 DMS 中，为了有效地管理、调度、维护和抢修，调度人员对地理信息的依赖程度比在 EMS 中要大得多。把 AM/FM/GIS 提供的准确的、最新的设备信息和空间信息与 SCADA 提供的实时运行状态信息有机地结合起来，可以有效地改进电力分配、紧急情况下的调度以及日常维护与抢修服务。

具体实施这一应用时，AM/FM/GIS 与 SCADA 是通过计算机网络（例如以太网）连接起来，SCADA 的数据库与 AM/FM/GIS 的数据库之间建立映射关系，相互交换数据。SCADA 把系统的实时运行状态信息周期性传送给 AM/FM/GIS，供其他系统使用。系统则可以使用最新的地图与接线图，为及时发布正确的调度命令和控制命令提供可靠依据。

2) 在投诉电话热线中的应用。投诉电话热线是 DMS 的一种高级分析应用功能，是 DMS 的重要组成部分。其目的是快速、准确地根据用户打来的大量故障投诉电话，判断发生故障的地点以及抢修队伍当前所在位置，及时派出抢修人员，使停电时间最短。

所指的故障发生的地点及抢修人员所在位置应该是具体的地理位置，而且还要了解设备目前的运行状态。因而 AM/FM/GIS 提供的最新地图信息，设备运行状态极为重要，是故障电话投诉处理系统能够充分发挥作用的基础。

上述任务是由 DMS 的“故障定位与隔离”和“恢复供电”两个应用程序来实现。调度员根据投诉电话输入相关地点，应用程序根据投诉地点的多少和位置，分析出故障停电范围，并排出可能的故障点顺序；然后，参照具有地理背景的单线图，指挥现场人员准确找到故障点，并予以隔离。故障定位并隔离后，启动“恢复供电”程序，使程序排出最优操作顺序，尽快安全恢复供电。此处，是调度人员按投诉电话运行相关程序实现的故障隔离与恢复供电，而第四章的相似工作是自动进行的馈线自动化的一个单项自动化。两者目的相同，工作方式不同。

关于 AM/FM/GIS 的其他应用，不再阐述。

6.3　配电管理系统的应用软件概述

6.3.1　简要说明

前面已指出，整个 DMS 构成的调度自动化系统，是在配电 SCADA（DSCADA）及 AM/FM/GIS 系统为基础之上，通过 DMS 的应用软件（PAS）来实现对整个配电网的监控、管理及其他需要的功能（例如规划、设计等）。

可以认为，PAS 包括了 DSCADA 基本软件、AM/FM/GIS 基本软件和各种应用软件。各种应用软件的内容较广，可以分成网络分析（NA）、控制管理（CM）和调度员培训模拟（DTS）等几类。

应用软件也可以以网络分析为核心，将各种功能软件分为基本软件和派生软件两大类。基本软件有：网络模型、网络拓扑分析、潮流计算、状态估计、负荷预测、短路电流计算等。派生软件有：电压/无功优化计算、负荷控制、变压器与馈线负荷管理、电源阻抗计算、相间负荷均衡、网络重构、掉电管理（即事故诊断、隔离与恢复供电）、投诉电话管理、培训模拟、辅助设计等。可以看出，派生软件就是控制管理、培训模拟等类型的软件。派生软件均是以若干基本软件为基础，加入必需的软件得到特定的功能软件。

各种应用软件运行要求的数据来自 DSCADA 或负荷预测，并配合相应网络模型。从而，每一应用软件都可以得到历史数据、实时数据及未来预测数据。

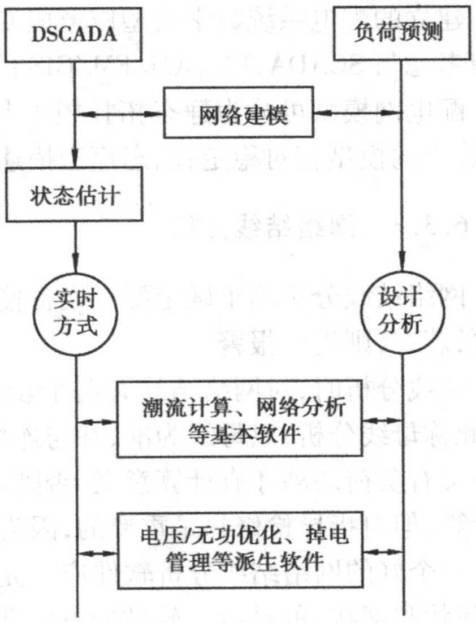

图 6.6　配电网应用软件的组织

应用软件中，基本软件与派生软件之间关系可用图 6.6 示意说明。图中，实时方式表示了应用经过状态估计处理后的实时数据进行各种实时分析与调度控制管理;而研究方式则指利用预测数据进行仿真研究、各种设计的方案分析。

由于应用软件很多,下面只对几种重要的应用软件作出简要说明。

6.3.2 配电网络模型(网络建模)

在建立各种应用软件之前,必须先建立配电网络的数学模型。配电网络建模与输电系统不全相同,完整的配电网络模型的对象包括:导线、变压器、开关、电容器、负荷和电源(包括用户侧的自备发电机组)等。其中,导线、变压器、开关为双端口元件,电容器、负荷和电源为单端元件。

由于配电网可能出现允许的三相不平衡状态,因此,需要计算三相不平衡潮流,故必须建立三相模型和参数,这比输电网建模复杂。

对于导线,必须计及三相四线、两相三线、单相两线和地下电缆多种方式和种类,线路的参数不仅与线径有关,还与线的排列有关。因而建立的模型应能在给出线路长度后,自动换算为计算用数据。

对于变压器,考虑的是配电变压器。各种组别的三相变压器、带负荷调压变压器都应给出相应模型,一些单相变压器模型也应建立。

开关包括断路器、刀闸和熔断器。开关为逻辑元件,故不会出现在网络方程中,但其开闭状态直接改变网络方程的组成和结构。

负荷有三相与单相两种。实际负荷均有非线性,需给出负荷的电压变化和频率变化的特性,但给出的均为静态特性,且未计及其产生的谐波效应。对于负荷,有时还需直接给出原始负荷的成分表,求出各类负荷占总负荷的百分比,自动换算其特性;对于电动机,当要考虑电动机的冷起动时,则需给出电动机的启动特性。

需要考虑配电系统中的一些小型发电机组时,因这些机组难以维持出口母线电压恒定,在潮流计算中要做 P—Q 母线处理,以维持功率因数恒定。

建立的配电系统数学模型应形成专门软件。用户只需填写模型和参数就可运行,网络模型应考虑与 SCADA,LM,AM/FM/GIS 的联系。

配电网模型可分为静态拓扑模型与动态拓扑模型。静态模型描述设备间的物理连接关系,建立的模型相对稳定;动态模型描述了哪些设备在电气上连接在一起及其连接方式。

6.3.3 网络结线分析

网络结线分析用于确定配电设备接线和带电状态,还可用来检测辐射网络是否出现合环现象,若有,则提出报警。

结线分析时,对网络结线有两个步骤要进行:将闭合开关连接在一起的结点集合化为母线,此称母线分析;以母线为准,并与连接的变压器,线路合称为电气岛,以此进行分析。既有电源又有负荷的岛才有计算意义,否则无计算意义。无计算意义的电气岛虽不在结线分析时做计算,但对指导检修却是重要的,因为它要参与若干倒闸操作或改变负荷等。

一个好的网络结线分析软件应该是可靠性高、方便、分析速度快、能处理任何形式(如树状、环状和网状)的结线。软件的方便性表现为:

1)对网络元件均设置切除/投运命令,就能方便地将元件从各自结点断开或恢复;

2)对元件的负荷大小或电压高低用不同亮度或闪光来表示,使调度员易于了解并掌握网络状态;

3)对不带电的网络,还应表示出是否接地,这对检修和故障恢复非常重要;

4)馈线能被着色,负荷切换到不同馈线时,随之改变颜色,以区分其电源;

5)可进行电话跟踪,识别调度员选择地点到馈线起点的电路段;

6)用不同颜色区别不同的相。

网络结线分析也称为网络结线分析与动态作色。

6.3.4 配电网潮流分析

潮流计算及分析是电网调度最基础性的工作,也是网络分析、经济运行及其他运行方式要求必备的基础软件。电网的规划设计也必须进行潮流计算。

中低压配电网多为辐射网,且有多个分支,结构比输电系统复杂,图6.7所示的为常见的多分支的辐射网(或称木梳状网络)。潮流计算和分析是在已知馈线端即变电站出线电压 V_0 和各负荷功率 $P_k+jQ_k(k=1,2,\cdots,n)$,待求量是各线路潮流 $P_{k-1,k}+jQ_{k-1,k}$ 和各负荷点电压 $V_k(k=1,2,\cdots,n)$。这一典型的配电网络与输电系统比较,有三点不同:一是变电站母线只在一端(V_0处);二是没有指定电压母线(即无指定的 P_V 节点);三是线路的电阻电抗比值较大,电阻不能忽略。因此配电网潮流接近于病态,若直接引用输电系统的潮流程序,常难以收敛或收敛时间长。由于在大量的配电网分析中,潮流计算作为功能模块要求快速调用,因此应考虑专门适合配电网使用的潮流计算方法。

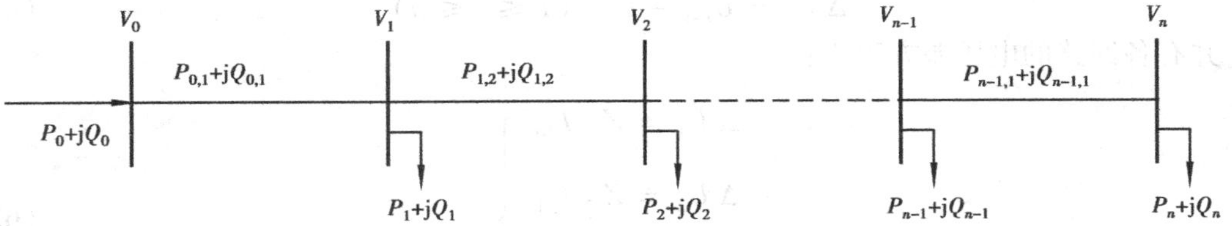

图6.7 配电网基本形式——木梳状网络潮流

针对配电网收敛困难的特点,当前已提出以下几种实用的配电网潮流算法:逐支路算法,电压/电流迭代法,直接法、回路阻抗法和 Distflow 法等。回路阻抗法及其前面诸法是直接应用基尔霍夫定律计算节点注入电流、支路电流和节点电压,并以网络节点处的功率误差值作为收敛判据;而 Distflow 法是以有功功率、无功功率和节点电压作为系统的状态变量,并利用牛顿—拉夫逊法来求解状态方程,得到系统的潮流解,该法以网络终端节点的输出功率作为收敛判据。Distflow 法是当今在配电网潮流计算中应用较多的一种方法,其迭代次数相对其他方法少,收敛精度高,已有专门的软件包。

对于配电网,往往还要计算不平衡的三相运行状态下的潮流。下面,以回路阻抗法来说明配网潮流计算。

该法的计算过程是:已知网络中各支路的阻抗为 $Z_{i,i+1}=R_{i,i+1}+jX_{i,i+1}$,节点负荷为 $S_i=\dot{U}_i\dot{I}_i^*$;设已知始端电压为 $\dot{U}_0$,并设各节点初始电压值为 $\dot{U}_i^{(0)}$。则可根据 S,U 求出回路电流 I_L,并以此来求出相邻节点的电压差 ΔU_i。利用迭代计算,当 ΔU_i 满足给定迭代精度,对应的各节点负荷电流值即为所求。

现以图 6.8 所示辐射网为例，进行计算说明：

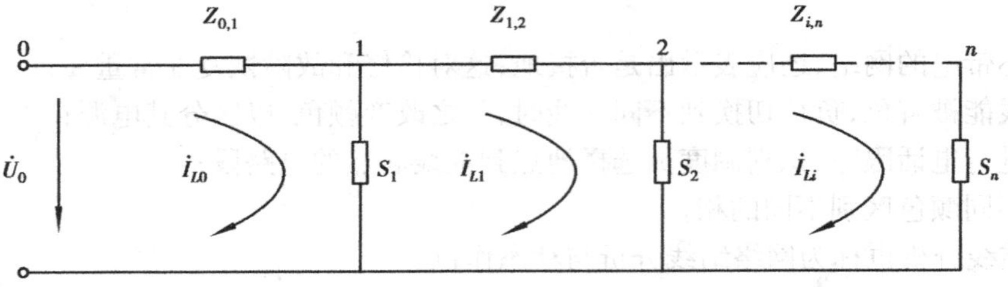

图 6.8　配电网潮流示意图

由图示，可写出以下方程式：

节点负荷功率：

$$S_i = P_i + jQ_i = U_i \dot{I}_{bi}^* \tag{6.1}$$

各回路功率为：$\dot{I}_{L0}, \dot{I}_{L1}, \cdots, \dot{I}_{Li}, \cdots, \dot{I}_{Ln-1}$

则，第 i 节点的负荷电流为：

$$\dot{I}_{bi} = \begin{cases} \dot{I}_{Li-1} - \dot{I}_{Li} & (1 \leqslant i < n-1) \\ \dot{I}_{Li-1} & (i = n) \end{cases} \tag{6.2}$$

于是，相邻两节点电压差为：

$$\Delta \dot{U}_i = \dot{U}_{i-1} - \dot{U}_i \quad (1 \leqslant i \leqslant n) \tag{6.3}$$

并有各回路的电压差方程为：

$$\left.\begin{aligned} \Delta \dot{U}_1 &= Z_{01} \dot{I}_{L0} \\ \Delta \dot{U}_2 &= Z_{12} \dot{I}_{L1} \\ &\vdots \\ \Delta \dot{U}_i &= Z_{i-1,i} \dot{I}_{Li} \end{aligned}\right\} \tag{6.4}$$

迭代过程如下：$\dot{U}_0$ 为给定，并设定各节点电压初值为 $\dot{U}_i^{(0)}$，于是由式(6.1)求出各节点负荷电流 $\dot{I}_{bi} = \dfrac{S_i}{\dot{U}_i}$，并由式(6.2)求出回路电流 $\dot{I}_{Li} = \dot{I}_{Li-1} - \dot{I}_{bi}$（由 n 节点逆向求取）。再由式(6.4)求出 $\Delta \dot{U}_i$，之后，由式(6.3)计算出新的节点电压值 $\dot{U}_{i-1}^{(k)} = \dot{U}_i^{(k)} + \Delta \dot{U}_i^{(k)}$。$k$ 为迭代次数。最后，迭代误差为 $\varepsilon^{(k)} = \dot{U}_i^{(k+1)} - \dot{U}_i^{(k)}$。当 $\varepsilon^{(k)}$ 不满足给定精度时，再返回(6.1)式求 $\dot{I}_{bi}^{*(k+1)} = \dfrac{S_i}{\dot{U}_i^{(k+1)}}$，继续迭代，直到 $\varepsilon^{(k)}$ 小于或等于给定精度时停止迭代。

关于配电网潮流计算其他算法不再阐述。

6.3.5　配电网状态估计

配电网状态估计是指从系统实时取得的数据（包含许多不良数据）经过滤波（软件滤波，

即通过系统辨识方法），得到系统真实的状态和数据的一整套计算方法。配电网中，由SCADA及负荷预测提供的数据是不完整的，且有许多不良数据，因此必须通过状态估计向配电网络分析提供足够精确的数据。

配电网的状态估计有两种：一为主配电网估计，这是有实时量测值供作估计状态的，属典型状态估计；二是沿馈线的潮流分布，常常无实时量测值（无FTU或虽有FTU测量的数据但需在现场提取），只在已知馈线始端功率与电压（估计值）的条件下，利用负荷预测模型将其分配到各负荷点，主要工作是潮流计算。

配电网状态估计的主要功能有：

1）量测系统分析与量测配置优化，一般，按最佳估计方法（卡尔曼滤波、最小二乘法）对测量的生数据进行计算，得到最接近于系统真实状态的最佳估计值；而量测配置优化指以最少的量测配置点获取网络必需的完整信息数据方法；

2）对生数据进行不良数据的检测与辨识，删除或改正不良数据，提高数据系统的可靠性；

3）推算出完整而精确的电网的各种电气量，例如根据周围相邻的变电站的量测量推算出某一没有相关检测装置的变电站的各种电气量；

4）网络状态监视，例如根据遥测量估计电网的实际开关状态，纠正偶然出现的错误的开关状态信息，以保证数据库中网络接线方式的正确性；

5）量测系统模拟，通过离线模拟，可以确定电力系统合理的数据收集与传送系统，可用来改进已有远动系统或规划未来的远动系统；

6）维护母线负荷预测模型；

7）变压器抽头估计等。

6.3.6 配电网负荷预测

负荷预测是对电网进行合理管理、电网设计等必需的重要依据。因此，它是电力系统管理部门的基础工作。正确的负荷预测可以经济合理地安排电网内部机组的启停，保持电网运行的安全稳定，减少不必要的储备容量，更是电力市场需求的预测。良好的预测算法是正确负荷预测的保证，当今的预测算法的基本方法多为最小二乘法估计，近年应用人工智能方法实现负荷预测的方法已得到应用。

负荷预测包括地区负荷预测与母线负荷预测。地区负荷预测包括日负荷（小时预报）至周负荷预报。其中，要将用户的自备机组及小水电站供给电量预计进去。而计划部门还要求月预测，以安排系统中期运行计划。母线负荷预测所指母线是指馈线分支点上的母线。因此，母线负荷预测之上，依次逆向递推，有馈线负荷预测、变电站负荷预测、直到地区负荷预测。这几层之间有一负荷分配系数，由状态估计推论其关系。

6.3.7 配电网电压和无功优化调度

配电网中，电力质量的指标主要就是电压，最重要的经济指标是降低网损。因此，调度的主要任务就是在保证网络可靠的前提下，满足用户功率需要的同时，维持各节点电压符合规定，并调节无功以降低网损。因此，电压/无功的优化调度是地区调度的重要任务之一。

6.3.8 网络重构

配电网中,总是包含大量的各种形式的开关、刀闸。多数处于常闭,少数处于常开状态。所谓网络重构,就是指,通过人工或自动方式,改变一些开关、刀闸的分、合状态,使网络的拓扑结构发生改变,形成新的结构。

正常运行情况下,当负荷季节性改变时或某些线路过负荷时,调度人员将进行(或命令)一些开关、刀闸的操作,以网络重构形式平衡负荷,提高配电网的供电质量。因此,可以认为,网络重构是在保证配电可靠性的前提下,使配电网在不同运行方式下,均能保证最优的供电质量和经济性的一种网络优化方法。

网络重构与电压/无功调控均属于配电网经济调度管理的主要内容。

6.3.9 短路电流计算

短路电流计算的功能仍是作为检查保护在标准故障水平下的保护能力,及短路时残压对运行设备的影响;另一功能仍是检查运行系统开关的遮断能力。

短路电流计算软件功能为确定故障时配电网中各支路的电流、母线电压,故障则包括单相、两相、三相及接地等类型。在负荷出现大变化或结线方式出现变化时,应能自动计算、校核(保护)和报警。

6.3.10 配电系统操作培训模拟

操作培训模拟是在配电系统的仿真模型上实施,它不仅是培训工具,还是分析和计划工具。仿真系统能复现已出现过的运行方式(正常、事故和恢复状态),还能设定未来(规划期内)可能出现的运行方式。这是一个庞大的、但十分有用的软件系统。原则上,它应在汇集全部配电应用软件的基础上,加上动态变化、教案和评价等软件模块,这样可以保证数据有源和场景的一致。

配电系统仿真应包括:

1)运行方式的设定。这又包含模拟系统设定、模拟时间设定和负荷曲线设定。

2)控制响应。包括变电站操作模拟和现场操作模拟。

3)事故模拟。包括馈电线、变压器、变电站和上一级电网故障模拟,故障包括瞬间故障重合成功、永久性故障和自动断开等。

4)检修模拟。包括检修元件、检修操作过程模拟及其校核与登录等。

5)过负荷模拟。包括馈电线和变压器的过负荷模型及其解除操作。

6)再现与评价。包括模拟过程的再现、时间—停电范围相关图表、变压器和馈电线的备用、操作次序等。

配电系统仿真有三个主要部分:

1)配电系统模型:包括配电网元件、继电保护、SCADA 和 LM 的模型;

2)教案系统:包括建立初始方式和教案、监控、控制和评价训练过程;

3)调度室模型:包括调度员面对的全部软件及设施环境。

其他的应用软件不再作出说明。应指出,在 AM/FM/GIS 一节提及的应用举例,也属于应用软件范围。由于电压/无功调控及网络重构在 DMS 中的重要性,下面还作进一步阐述。

6.4 配电网电压/无功优化

6.4.1 概述

合格的电压是向用户提供合格电能的保证。网损大小是配电网运行的主要经济指标。在3.4.2节已说明合理调节无功,可以降低网损。因此,电压/无功的优化调度是配电网调度的重要任务之一,是配电网在满足可靠性前提下,实现经济运行的有效措施。

20世纪末,我国统计资料表明,全国城网110 kV以下配电网线损占总线损的60%,可见,降低配电网网损是十分重要的一项技术工作。电压/无功优化调控是配电网中降低网损的重要措施。

当今,DFACTS技术尚未广泛使用,配电网的电压/无功优化控制是通过调控带负荷调压变压器分接头和投切电容器来实现。具体地,可由调度管理层的调度员下达遥控命令或/和由变电站的电压/无功自动调控装置按地域要求自动控制。后者的调节是局部的,可能会引起二级电压波动。

考虑到电压/无功控制的慢调节特性,完全有可能在调度自动化系统的主站端(调度端)通过配电网的通信网,利用好的调控技术实现全网的电压/无功的闭环控制,由于是在DMS的管理级来实现调控,故可在全网实现优化潮流和减少电压波动。这就是当今DMS系统中电压/无功调控追求的目标。此时,变电站的电压/无功自动调控装置成为整个电网的电压/无功调控系统的执行装置。

由于电压/无功调控问题是一个区域性问题,无功应该就地平衡,实现分层、就地补偿。因此,要实现合理,进而电压/无功优化调控,首先应有无功电源的合理配置,然后才是最优控制。

实际而合理的无功补偿装置配置原则是:

1)总体平衡与局部平衡相结合。要在总体平衡的基础上,研究各个地区的补偿方案,求得最合理。

2)供电部门补偿与用户补偿相结合。统计资料表明,中低压配电网中,用户消耗的无功功率约占50%;在工业为主的网络中,用户消耗的无功约占60%;其余的无功消耗于网络中。因此,只有同时使供电部门补偿与用户补偿相结合,才能更好实现无功调控。

3)分散补偿与集中补偿相结合,以分散为主。无功负荷是分散的,故应进行分散补偿,但在网络中,不便进行分散补偿,应在变电站处进行集中补偿。

无功电源的最优配置是在保证地区最大无功负荷时,仍有足够的无功补偿容量,网络中,每一个节点应考虑配置多大无功补偿容量才最合理。优化配置的设计中,还必须计及可能使用的调控手段,整个最优配置问题是配电网的优化规划问题。本节的电压/无功调控阐述是在认为无功配置已是合理的这一前提下进行的。

6.4.2 电压/无功的最优控制原理

电力系统的电压/无功优化是一个多变量、多约束的混合非线性规划问题,其调节变量既有连续变量(节点电压),又有离散变量(例如主变分接头的挡位、电容器组的投切组数),因此,优化过程十分复杂。电压/无功调控的重要性及实施的复杂性,至今仍是电力系统科技人员关注的重要课题。

(1)电压/无功优化调控算法简述

在已知无功电源配置点及容量的条件下,优化调控的实质是建立数学模型,找出不同负荷条件下,在给定网络中的优化潮流。即在负荷变动后,根据采用的算法经过计算确定当前网络中各节点的无功补偿容量及带负荷调压变压器分接头挡位。整个过程应满足实时调控的需要,即在满足约束与目标条件下,应能满足一定的调节速度及精度。

(2)数学模型的建立

不论采用哪一种算法,都应将电压/无功调控问题处理为适用于给定算法的数学模型。然后应用给定方法求解此模型,得出的解即为对应模型状态的调控手段及其结果。

不论采用哪一种算法,数学模型应包括目标函数及约束条件。

1)目标函数。实际运用中,目标函数往往是要考虑多种因素,并将它们协调起来,得出合理的目标。电压/无功优化应考虑有功损耗 ΔP 最小,电压水平 V 最好,补偿容量 Q_g(包含电容器组及电抗器组)最小,补偿经济效益 E 最好。于是,目标函数 F 可写成:

$$F = f(\Delta P, Q_g, V, E)$$

对于多目标问题,可选择 1 ~2 个主要目标函数,把其他目标作为约束条件处理。故对于已有优化配置,可以有:

$$F = \lambda_1 \Delta P + \lambda_2 \sum_{g=1}^{n_c} Q_g \tag{6.5}$$

λ_1, λ_2 为权系数。它们将 $\Delta P = \Delta P_1 - \Delta P_2, Q_g$ 折合为统一的经济指标。ΔP_1 为优化前的网损,ΔP_2 为优化后的网损;n_c 为无功补偿节点数。在某些简化算法中,$\Delta P = \max(\Delta P_1 - \Delta P_2)$。

这样转化后,电压/无功最优控制仍是一个非线性混合优化问题。F 的具体表达式将根据具体算法所提要求而有所不同。

2)约束条件。约束条件除了必需的潮流约束条件外,应满足以下安全约束条件:节点电压 V_i 在允许范围内,变压器分接头档位 T_l 在规定范围内,补偿设备 Q_{gi} 投切组数在有限组数范围内。以上可表示为:

$$\begin{cases} V_{i\min} \leqslant V_i \leqslant V_{i\max} & (i = 1,2,\cdots,n_i) \\ T_{l\min} \leqslant T_l \leqslant T_{l\max} & (l = 1,2,\cdots,n_l) \\ Q_{g\min} \leqslant Q_g \leqslant Q_{g\max} & (g = 1,2,\cdots,n_g) \end{cases} \tag{6.6}$$

必要时,可加入发电机无功出力限制。

对于电压约束,有时可以进一步表示为正常运行区与越限预警区,即:

正常运行区:$V_{ipm} \leqslant V_i \leqslant V_{ipM}$;($P_{pm}, P_{pM}$:正常运行范围上、下限)

越限预警区:$\begin{cases} V_{ipM} < V_i \leqslant V_{i\max} \\ V_{ip\min} \leqslant V_i < V_{ipm} \end{cases}$

这种约束,又称动态识别处理。

在建立数学模型后,根据给定约束的优化算法求解。

(3)关于调控算法的说明

在电力系统中,目前采用的优化算法有:线性规划法、非线性规划法等。线性规划法是将本质非线性的电力网经线性化处理，避免非线性函数求解的困难，计算速度快，收敛性好。但因是经过线性化处理，且调节变量又是混合变量，所以此法给出的结果只能作为调控参考，难以实现最优。而非线性规划法计算精度高，但计算复杂，因而速度慢，所需内存大，系统稍复杂即不适用。且仍是将调节变量以连续量来处理，故使用仍有不足或困难。

当今，有利用人工智能、遗传算法或其他新理论实现的优化算法，且已有多种可行算法被推出。具体算法不再介绍。

6.5　配电网的网络重构

6.5.1　网络重构的重要性

在6.3.8节已指出，在电力系统中，通过合理的开关组合，改变网络拓扑，此即网络重构。

在输电系统中，网络结构确定后，变化方式少。故网络重构的重要性不突出。而在配电网中是大量的环网（含手拉手式网）结构，开环运行方式形成的网络。通过网络重构，是降低配电网线损的又一重要而有效的途径。通过网络重构还可以均衡负荷，消除过载，提高供电质量。在馈电线自动化一章中，重要的自动恢复供电操作，就是应用网络重构方法隔离故障区域，向受故障影响而停电的区域恢复供电的实际应用。

网络重构是运行调度管理中的一项重要工作。在配电网的规划、改造中，当确定网络接线后，均应设计出分段开关的合理个数及合理安装位置，且应有必要的自动化技术相配合，供运行时网络重构应用。

一个实际的配电网，必须具有重构网络拓扑的可能，这才能保证配电网运行的可靠性、灵活性、经济性。因此，网络重构是配电网调度控制中的一项重要功能。

6.5.2　网络重构算法简介

从理论上说，网络重构问题是一个多目标非线性混合优化问题。故可以与电压/无功优化问题的处理方法相类似，选择一个主要目标函数，把其他目标作为约束处理。现有算法多以网损最小为优化目标，在满足各种运行条件下，配电网网络重构仍是一个有约束的非线性混合优化问题。此时，约束条件是重构中，电压质量应满足要求，线路不应过载等。

由于配电网的复杂性、非线性，若要直接采用非线性规划方法，则在每一次迭代运算时，均要进行潮流计算，显然，需要大量内存及计算时间。故要寻求可行算法。由于配电网的网络结构复杂，开关数量巨大。因此，用试凑、穷举、搜索法是不

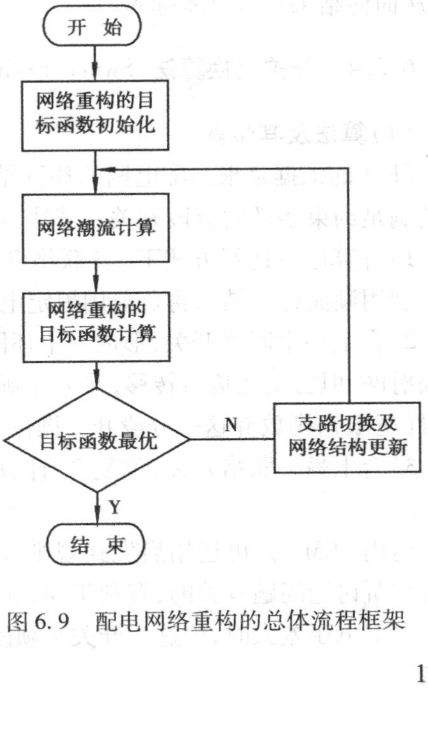

图6.9　配电网络重构的总体流程框架

可行的。当今,研究出的可行算法主要有最优潮流模式算法(OFP)和开关交换法(SEM)。近年,运用人工智能实现的重构算法已有研究成果。

无论何种重构算法,其算法流程均可用图6.9大致表述。

以下简介 OFP 和 SEM 法。

6.5.3 最优潮流模式算法(Optimal Flow-Pattern,OFP)简介

(1)算法

OFP 算法以网损最小为目标,算法步骤是:

1)先将网络中所有联络开关闭合,整个网络形成一个多环网;

2)将构成环网的支路的阻抗换成电阻,在满足约束条件下,由 KCL 和 KVL 定律求得环网支路的电流分布,此即最优潮流模式(OFP);

3)断开 OFP 中流过电流最小的开关,环网变成辐射网,重复2)的计算,且网络已是开环,认可这时的开环网络是最优重构。

在重构过程中,若断开电流最小的开关,计算上未满足约束条件时,则取消上次操作,即重新合上已断开的开关。开断另一电流最小的开关,重复2)、3),直到得到合格结果。

(2)优缺点

1)优点:OFP 算法是将开关组合问题转化为优化潮流计算问题。使复杂问题得到简化。

2)缺点:

①初始时,闭合所有开关,形成多环网,在求解 OFP 时,各环网潮流相互影响,断开开关的先后顺序对计算结果有较大影响;

②确定一个待开开关,有可能需要计算两次环网潮流,计算量大。

针对 OFP 算法,有若干改进方法。例如:每次只合一个联络开关;辐射状网的分支仍用阻抗,从而使结果更符合实际等。

6.5.4 开关交换算法(Switch Exchange Method,SEM)简介

(1)算法及其步骤

SEM 的依据是根据配电网的环网结构开环运行的特点,通过选取不同分段开关,找出合适的满足约束条件的分段开关。算法步骤是:

1)计算原有运行方式下(各联络开关均处于开断位置,全网为辐射网)的初始潮流和网损。利用潮流计算结果将负荷用恒定电流表示。

2)合上一个联络开关,形成一个环网,选择该环网中一个分段开关并断开,使配电网恢复为辐射网,但已实现负荷转移,并估计新状态下的网损,并计算潮流。在计算时,不满足约束条件时(越限),则放弃这一分段开关操作。

3)合上另一联络开关,重复2)计算。直到可操作的开关均已操作完毕。从而得到最佳结构。

运用 SEM 时,可运用启发式规则,从而能减少需要考虑的开关组合及计算。启发式规则是指与所讨论问题有关的,有利于问题解决的规则。在 SEM 中,选择联络开关时,当某一分段开关两端电压差大时,则这一开关必须闭合。这就是 SEM 中的一条启发式规则。

(2)SEM 的优点

1)通过启发式规则减少需要考虑的开关组合及计算；

2)可以快速确定降低配网线损的配电网结构；

3)在 SEM 的改进算法中,采用了网损估算公式,能快速估算出开关操作后线损的变化。

(3)SEM 的缺点

1)每次只能考虑一对开关的操作；

2)不能保证全局最优；

3)给出的开关组合结果,即重构结果与配电网的初始结构有关。

由于最优潮流模式算法与开关交换算法均有不足,近年,许多研究人员运用人工智能原理提出新的网络重构方法,如应用人工神经网络(ANN)方法,遗传算法(GA)等。这些方法可以少计算或不计算潮流,能快速给出重构网络,并能得到全局最优或较优的结果。在运用人工智能原理实现网络重构的方法中,也常用到专家系统(ES)方法,这将利用到调度人员的运行经验来构成可行的启发式规则,可以使重构后的网络的网损下降,但不一定能得到全局最优解。也有用 OFP 或 SEM 与人工智能结合,得到好的重构结果。

6.6　配电网的负荷管理及负荷管理系统

6.6.1　概述

配电网的服务对象就是电力用户。因此,配电网的负荷管理(Load Management—LM)是配电管理系统的重要功能。实现负荷管理的目的主要是解决电力供需之间的矛盾和在保障电网安全的前提下,提高配电网的经济效益。

负荷管理是通过多种负荷管理技术来实现,其中主要是移峰填谷手段,以改善负荷曲线。从而提高电力设备利用率,降低供电成本,使电力系统生产的电能得到最合理的应用。

在实际状态下,移峰、填谷、削峰等手段是通过调峰、降压等技术管理措施来达到。例如在缺电状态下对某些负荷的技术限电,第四章介绍的负荷控制技术,均是负荷管理的具体技术措施。

当今,以负荷控制系统为基础,扩展相关的负荷管理技术,综合多种负荷管理技术,形成负荷管理系统。负荷管理系统与配电网调度自动化系统相结合,促进 DMS 的进一步发展。

以上的技术管理,均是从供电方进行的。当负荷管理进一步实现管理的现代化服务,吸纳用户参与时,则出现需方用电管理(DSM)。

6.6.2　负荷管理的主要功能

负荷管理的总体功能即是根据负荷特性,根据电量平衡原则,通过集中抄表及 SCADA 系统了解电力用户用电情况,并运用包括负荷控制技术在内的方式及调度管理方法,实现配电网的可靠、经济运用。

因此,负荷管理的功能可以认为主要包括以下内容:

(1)**负荷特性及负荷预测**

负荷预测已在6.3.6作了说明,此处对负荷特性给予说明。负荷特性指负荷的分类及负荷用电的不均衡性。

1)分类:负荷按行业及供电可靠性分类;

2)用电的不均衡性:负荷的不均衡性主要由负荷曲线及负荷系数等特征说明。由负荷曲线又可给出峰谷负荷、短时(15分钟、30分钟)需求,某一时段最大需求等特征。

用户的负荷率(负荷系数)说明在规定时段内负荷变动的情况。它以规定时段内平均负荷功率与该时段最大负荷功率之比表示。例如,日负荷率为 $K_f = \dfrac{P_a}{P_{\max}} \times 100\%$

式中,K_f—日负荷率;P_a—日平均负荷功率;$P_{\max}$—日最大负荷功率,kW。

K_f 说明电力设备利用率,K_f 越大,设备利用率越高,负荷曲线越平缓。负荷率概念既适用于供电部门,也适用于电力用户。

(2)**电价制订**

电能是一种特殊商品,其成本受到较多因素影响,且随时变化。例如,在峰荷期间,系统内效率较低的机组也要投运,必然增加发电成本;又如,在低功率因数状态下的网络网损大,供电成本也将增大。因此,制订合理的电价体系,是十分重要的。

长期以来,在负荷管理中,实施的是二分制电价,即电价包含负荷容量(kVA)收费和消耗功率(kWh)收费两部分,还实行功率因数奖励电价。保证用户的功率因数不低于某一最小值。居民用电则实行单一电价。更合理的电价策略在需方用电管理中说明。

(3)**负荷调整**

调整负荷是一项涉及面广、政策性强的工作。调整的目的在于改善负荷曲线。调整应考虑以下原则:电网结构、电源特点、区域用电特点,应统筹安排、保证重点等。

调整方法即移峰填谷。具体可以有:调峰、降压、减载等方法。调峰包括了削峰与填谷手段,可以是政策性引导或在用户侧施行的一种自动控制方法。负荷控制技术即是其中的主要手段。降压减载是一种间接调整(减少)负荷的方法。

紧急状态下对馈电线的切断是一种极端情况下的控制负荷方式,而不是削峰。

(4)**监视与控制**

为了实现对负荷的管理,应有监视与控制功能。控制功能除由负荷控制系统实现,还应包括由调度端通过遥控命令对用户实施控制的命令。

为了实现良好的管理,应对电网中的开关进行监视,并应有自动抄表功能,及时了解用户用电状况。更完善的系统还应有购电管理功能,用来实现对用户发送预购电量及使用的监控。当用户违规后,将对用户实行分级跳闸切除部分负荷。只有当用户重新购买电量后,负荷才能全部恢复。

其他功能不再说明。

6.7 远方抄表系统

远方抄表系统是近年在配电网中开始应用并推广的一种新技术。它是由还在推行的自动抄表技术加上通信系统后,发展而成的一类自动检测系统。本节简介其功能与系统的组成。

6.7.1 功能

顾名思义,远方自动抄表系统是指将用户侧的电能(有功、无功)计量值通过通信技术传送到测控中心的一整套自动监测系统,若将接收到的计量信息自动地归纳分析处理后给出计费,则又形成电能计费系统。

从远方抄表执行的功能来看,它从属于负荷管理的一个功能子系统。由于测量到的电能计量将根据用户与供电系统的预先约定,给出不同的计费,因此,也可将它归属于下一章的需方用电管理的一个子系统。这些划分,并不影响远方自动抄表的功能及其系统的发展。

6.7.2 组成

远方自动抄表系统由具有自动抄表功能的电能表、抄表集中器、抄表交换机、远方抄表计算机系统、通信系统组成。

(1)**电能表**

用于远方自动抄表系统的电能表有两类:

1)脉冲电能表。将电能表的转盘转数通过光电转换形式或磁电转换形成电压脉冲或电流脉冲。电脉冲串与转盘转数成正比。将电脉冲经过处理后,就可以作为电能计量。

2)智能电能表。将三相电流电压经交流采样,进行 u,i 相乘,三个相的功率相加,然后计时累加,得到电能值,由于用微处理器处理,还可以同时给出无功电能值。这种电能表通过乘系数方式可以计价,必要时,还可作为负荷控制器使用。例如当供电方与用户签约在规定时段内不超过规定电能量,若在该时限内消耗电能超过规定,则该电能表报警或切负荷。该电能表还有存储功能。

电能表经过串行接口(一般都采用 RS-485)与抄表集中器连接,也可以不经串行接口,直接进入低压配电线载波通信道。

(2)**抄表集中器**

抄表集中器是一个集中信息和转换信息,以适应通信传输的中间装置,是电能计量的一次集中设备。它通过串行接口接收近距离电能表的数据,通过低压载波方式接收远方电能表数据,然后将接收的信号编码调制放大再上传。

一个集中器只能集中一定数量的电能表数据,可能一栋公寓大楼就有多台集中器,因此,低压配网中有较多的集中器。

(3)**抄表交换机**

抄表交换机是电能信号传送端的二次集中设备。当多台集中器需要再联网时,就会用到它。交换机的输入端是接入低压配电线载波信道,与集中器连接。输出端则与公共数据网连接,例如与公共电话网连接。交换机不仅有必需的调制解调模块,还具有市话通信的功能,例如振铃、摘机、挂机功能。交换机将已调制过的电能信号传送到远方抄表计算机系统。

可以将集中器与交换机的功能合并,成为集中器/交换机。这可使抄表系统组成较灵活。

(4)**远方抄表计算机系统**

装设于地区供电部门的远方抄表计算机系统处理接收到的电能信号,按电价政策及供需双方约定计价,或作出需要的各种决策。

(5)**通信系统**

由于远方抄表系统中,各环节所处的位置特点,该系统可能使用到多种通信方式。下面给出一种可能方式示例。

在电能表与集中器之间采用低压配电线载波,这一级通信通常采用 FSK 调制方式。

当用集中器直接上传信号时,一般仍采用低压配电线载波方式,然后将有线载波信号转成无线载波信号传送到接收端。这种方式比低压配电线载波借助配电网络多次转换要方便得多。当集中器经交换机或采用集中器/交换机方式时,最后一级通信基本都用公用电话网。

图 6.10 给出一个远方自动抄表系统结构示意图。它将上述可行方式基本涵盖,但并未包含全部可能的方式。

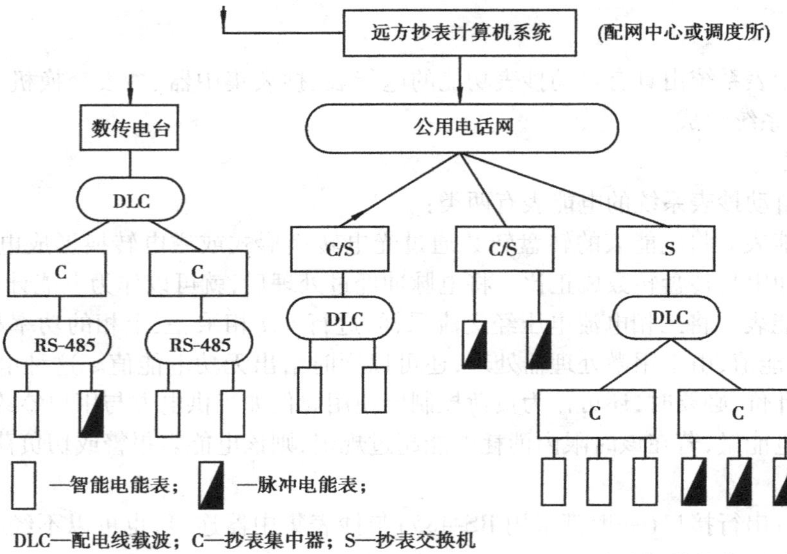

图 6.10　远方自动抄表系统结构示意图

第 7 章 需方用电管理概论

7.1 概 述

7.1.1 需方用电管理(DSM)的概念

需方用电管理(Demand Side Management—DSM)是近年来国内外供用电管理部门关注的新课题,DSM 不是一个单纯的技术问题,更多的是一个生产与消费间的关系问题,是电力市场进入供用电系统后负荷管理系统功能的扩展,是实现电力营销现代化服务后的新趋势。它是供电部门采用技术的、行政的、甚至还有财政激励的各种手段。改变需求方式,影响和鼓励用户采取各种有效技术措施与功能技术;在保持良好的电能服务水平的情况下,以达到综合电力资源规划,减少电能消耗,推迟甚至少建新电厂和网络,节约投资,从而获得明显的经济效益和环境效益。因而这是一项在用户有效参与下充分利用电能的系统工程。

传统的能源规划只是单纯地扩大供应能力以满足需求目标,这样,必须加大资金和能源资源的投入压力,这也加重了环境污染和治理费用。我国当前供需矛盾突出,一方面扩大电力生产,但增加了浪费和污染;而另一方面能源利用水平不高,负荷峰谷差大,合理地推行 DSM,是解决这些问题的重要手段之一。施行 DSM 必须符合本国国情。

DSM 在强调电力公司主体作用的同时,强调建立电力公司与用户之间的伙伴关系,强调在用户利益上的能源服务。

7.1.2 DSM 的目的、方法和措施

(1)DSM 的目的

DSM 的目的是供方采取技术、行政等措施来影响需求方用电的时间和数量,以更有效、更低廉的费用来满足用户用电的需要。

(2)DSM 计划的主要方法与措施

1)通过政策及宣传、教育等形式,增加用户对节能和提高能源效率的意识;

2)争取制造厂家的支持,进行必要的技术开发和使用高效产品,例如各种节能高效电器;

3)推行技术措施实现良好的供电服务;

4)直接给用户以财政资助、激励;

5)改革电价。

由上述目标与措施可见,DSM是一项复杂的系统工程。通过DSM的管理作用,可以改善电网的负荷特性,提高负荷率;降低电力用户的用电成本,减少电费;有利于扩大用电需求,开拓电力市场;减少环境污染。这些目标与措施的提出总是在一定的技术支撑下才有实施的保证,它实际上是独立于DAS之外的一个系统。但因多种技术措施(例如利用LM的调峰手段等)与DAS相关,故仍可视为一个广泛的DAS系统中的一个子系统,即DSM可纳入DMS的管理范围。

7.1.3 DSM与LM的关系

传统的负荷管理(LM)是指供方采取调峰、降压措施来抑制负荷和改善负荷曲线的控制手段。而DSM与LM的区别在于有用户的有效参与,调动需求方的积极性,共同进行供用电管理,使用户与供方均有利。例如:在DSM的管理中,根据不同季节或时段,会向用户提出节电要求和鼓励用电等措施,甚至吸纳用户端的小型的自备电源等。

在DSM采取的多种措施中,同样有削峰、填谷、错峰等调峰手段。但DSM的目标不是单纯地使负荷曲线平坦,提高负荷率,而且还包括一些因地制宜的节能措施和电气化目标,达到改善电力供需的整体水平,例如,通过电价杠杆,引导用户转移部分高峰负荷至低谷时段消耗。在DSM的概念下,削峰称为战略性储备电力,填谷称为战略性使用电力,DSM以此手段来实现电力部门的总体效益,减少风险等重要目标。

为达到这一目的,DSM必须实现和加强供需双方的信息交流,了解用户的需求,协调双方之间的关系,这些对顺利实施DSM都是十分重要的。

7.1.4 DSM的技术性措施

DSM系统中的措施包含了技术性与非技术性措施,涉及面极广。在技术性措施中,也涉及多种行业,主要的技术措施有需方发电、新电价政策、多种节能方式、电力电子技术应用、新型输电方式等。本章择要介绍一些主要的技术措施,非技术性的,如政策、财政激励等,则不作说明。

7.2 DSM的实施方案

实施方案是指技术措施达到的功效,可以按是否在电价框架内分成电价内方案与电价外的方案。电价外是通过一些手段来改变需方用电。通常是按供方需方来分类。

7.2.1 供方实施方案

1)通过调控电压/无功设备控制电压及功率因数;

2)推行激励电价,包括分时分季电价、地区电价、可停电电价、直接控制负荷合同、需量电价等；

3)充分利用各种分散电源,包括风力发电、太阳能发电、热电联产、小水电等各种非主力电厂的电源。

4)其他可行方案,如向用户提供技术咨询等。

7.2.2　需方实施方案

(1)控制需方设备

这是一个包含各种用电设备控制方法的改善。例如,家用和商用空调机远距离交替运转控制(投切和设定控制温度);冷冻机远距离交替运转控制;水泵远距离投切和定时启动;对非指定负荷设置需量控制器等。

(2)改善用户设备效率

例如设计建筑物时,采用新方案、新工艺、新材料,使之夏季通风性能好,冬季保温密封性好,从而达到节能目的,此外,使用节电电器和采用节电方法;

(3)应用储能方法

例如采用蓄水池的热水器、利用工业余热等。

(4)应用电力电子技术

如采用晶闸管控制的变频调速驱动装置等。

7.3　实现DSM的技术简介

为实施DSM的各种技术方案,对供电方、用户方推出若干新技术,且新的技术手段还在不断出现和被开发应用。涉及面包括电源、用户、与用户的通信方式等,举例简介如下。

7.3.1　利用分散电源的DSM技术

各种分散电源过去被认为是电力部门的竞争对手,现在则将这些电源纳入系统,实行直接或间接控制,使电力部门的负荷曲线平坦或符合预期要求,以达到降低发电成本的目的。分散电源还包括起用旧机组。利用分散电源主要形式有:

(1)热电联产

这是使供热与供电同时进行的方式,一些钢厂的废热气或副产品气体均可开发使用。

(2)联合循环发电

这通常是在有燃气轮发电机的地方可以考虑使用。利用燃气轮发电机排出的余热供热给蒸汽发电机,提高整体发电热效率。

(3)起用旧机组

对小型或其他低效停用机组(一般指汽轮发电机组)或报废机组修复后,在采用新技术、新工艺后,机组的材料能承受新的运行参数要求;改造后的机组必须高效、必须满足环保要求。改造机组再投入运行,相当于增加了电源资源。

7.3.2 在输配电系统中的DSM技术

(1)输电系统方面

近年,国外开始试行电力托送(Wheeling)技术,国内也在研究中。电力托送是指用户或某电力公司通过所属电力公司的输电系统购入其他电力公司的电力,然后转卖给另一些公司,这样,使需方能更好地选择电力公司和电源,还能更有效和更经济地利用电力设备。

电力托送的困难在于要受输电系统输电极限的制约。采用灵活交流输电系统的统一潮流控制器及其他方法,可以高效、连续地控制电力系统潮流的流向及大小。电力托送涉及的技术理论还有很多,例如,托送的过网付费如何建模才正确合理,至今仍是电力市场大课题中正在研究的内容之一。

(2)配电系统方面

1)配电网中DA自动化系统均可认为是DSM的技术手段。因为配电自动化是直接操作用户或馈电线开关的。LM的调峰、降压也直接服务于DSM。对于降压措施,从负荷的静态电压特性可知,电压下降,负荷吸收的有功功率将随之下降。作为具有电动机、电热等的综合负荷,一般电压下降1%时,可减少约1%的负荷。用降压减荷措施时,电压下降范围不能降到容许值范围以下,即以不损害用户设备正常用电为前提。

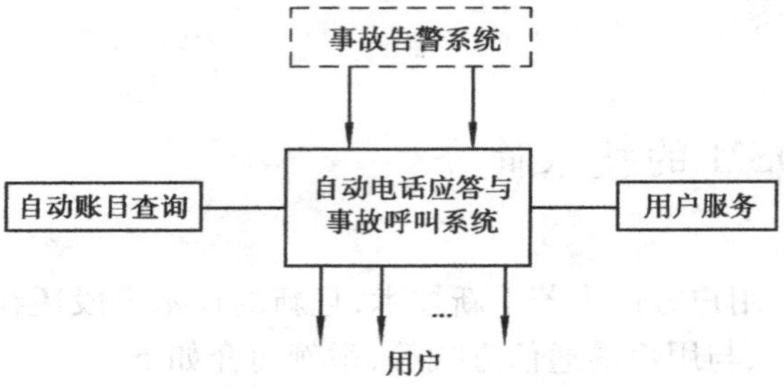

图7.1 用户信息系统框图

2)建立用户信息系统。用户信息系统是DSM的一个重要功能子系统。它的建立能提高对用户的服务水平,加快停电事故报告及检修速率,减少经济损失。图7.1给出用户信息系统结构框图。由图示可以看出,用户信息系统又可以视为整个电网的事故告警系统输入系统的一部分。

用户信息系统的建立是供用电双方配合实现的。供电方建立用户数据库,数据库包含有关用户用电信息(姓名、地址、电能表号、电价编号、相关处的变压器以及以往交付电费记录、用户允许停电时间、以前的投诉电话记录等),当发生停电事故时,供电部门可根据用户投诉电话、AM/FM/GIS(通过告警系统)提供的地理信息,迅速确定故障地点,并作出清除故障的安排。

3)根据需要,在用户侧装设分时记度电度表或电力定量器,或智能电能表,以监测用户用电的各种电气参数。这些记录根据具体情况,或远距离传送到供电端监控中心,或由抄表员提取有关数据。

7.3.3 用于终端用户的DSM技术

1)上述分时记度电度表、电力定量器和智能电能表也属于用户侧的DSM技术应用,类似的自动计量装置也属于这一范畴。用户用电的记录送到供电部门,帮助制订负荷控制决策。

2)在用户侧实行电能储存。例如在集中空调式商场,采用低谷制冰方式,高峰期则用冰释放冷气。同样,可施行避峰蓄热。近年,还有利用热泵技术(利用某种热交换介质的压缩与扩散造成的凝结与蒸发过程形成热量交换的技术),从低质热源(空气、河水等)中回收热量作为暖气或热水器热源,从而达到节能目的。此外,还有双能源热水器(电和天然气或电和太阳能转换)的应用等。

7.4　DSM的电价策略

电价策略是供电部门为实施DSM必须采取的最重要的手段之一,通过电价这一经济手段引导需方用电,达到需方参与负荷管理,最终实现DSM的目的。

制订电价的出发点与目的仍应是满足用户需要、着重提高电能的使用效率和保持经济的持续发展。目前,在国外DSM中有多种配套电价制度。其中,一些制度也逐渐在我国得到应用。在施行多种电价时,用户侧的量测设备、通信设施必须齐备。供电方有相应的监测管理系统,即电价策略必须有相应的技术手段作支撑。

在6.6.2节已介绍过在负荷管理中应用的几种电价。在DSM中,要求有更完善、合理、能与用户配合协商的电价。当今,在DSM中根据不同实情,有不同的几种电价制度。

7.4.1　峰谷分时、分季电价制度

分时、分季电价是根据重负荷和轻负荷期间以及白日和夜晚规定不同的电价。这种电价的施行是引导用户转移负荷,在系统内起到移峰作用,使负荷曲线平坦。

执行分时、分季电价,使用户间的费用分配更加公平合理。众所周知,发电厂通常为节约燃料费用,总是按发电效率高低的顺序投入机组(当未按等微增率原理运行时,通常均如此运行),在峰荷时,所增加投入的发电机组多是效率较差的,故使发电成本增大,供电费用必然很高;反之,在低谷时使用的费用较低,供电费用必然下降。因此,如果在峰谷时均为同一电价,只能使在高峰时段用电多的用户获利,而低谷时用电较多的用户吃亏。因而,峰谷分时、分季电价的实施使用户的负担合理并符合实际。不同电力系统的峰谷时段划分及分季时段划分是不相同的,应根据其电源特点和负荷特性来确定。

借助于分时、分季电价,用户把负荷从电价高的峰值时段移向低谷时段,得到节约电费的好处;同时也使发供电部门的负荷曲线平坦,发电成本、供电费用下降,且能避免机组的可能过负荷运行。

执行分时、分季电价的困难是用户需要安装分时记度电度表。我国目前已有基于电子机械混合原理构成的分时记度电度表,可分装于发、供、用各部门。发电厂安装这种电度表,在于考核峰谷时期的出力,供电部门安装的目的在于监视高峰期电网是否用电过多,而低谷时期是否有分散电源向主网反送电现象。

7.4.2　实时电价

分时、分季电价的缺点是对应各季节和时段,电价是固定的。但实际负荷对于气象及外部经济环境是敏感的,变动幅度可能很大,因而固定的电价还不能充分反映各时刻供电的费用。而分时计度电度表的定时整定后,虽可调节,但必须人工进行,这显然不能适应实际环境的变化。因此,国外提出实时电价。

实时电价是将电价与各时段发电的边际成本(增加单位发电功率所需要增加的费用、峰

值时高、低谷时少)输电损失及输电和发电的制约等因素联系起来,显然实时电价推行,其平整负荷和减少供电费用的效果比分时、分季电价更好。电价变更次数、变更幅度以及电价上下限是事先设定的。通常,在电价变更前预先通知用户。

实施实时电价的困难在于要求更先进的电度计量和良好通信系统。

7.4.3 论质电价

论质电价是用户与供电部门之间的协商电价。国外在试验中,论质电价分以下两种:

(1)**多品种供电**

具有计算机或特殊用电设备的用户,对供电质量有严格要求。如计算机用户虽配备了UPS,仍希望供电质量可靠,不希望停电或电压瞬时下降。供电部门可能要采用用户电力技术才能满足这类用户的要求。这相当于供电部门可以向用户提供多品种的电能。显然,用户与供电部门之间要论质议价。

(2)**优先服务**

这也是一种在国外正在研究的一种电价制度。

优先服务是根据用户的选择提供不同的电价和与该电价配套的可靠性服务。其电价不是由供电部门统一规定,而是通过与各个用户协商确定的。

优先服务有三个特点:1)用户可以根据自己的条件,从电价和供电可靠性中选择最适合自己的方案,扩大了用户选择用电方式;2)采用优先服务原则后,供电部门可以通过分配负荷来减少或取消部分备用电源,从而减少运行费用;3)优先服务是一种长期协商合同,能避免电价变动带来的风险。

优先服务可分为:

1)可停电服务:将用户的负荷分为可以停电的负荷和确保供电的负荷(如计算机系统或其他不允许停电的负荷)。可停电负荷享受电价折扣,折扣以基本电价为基础。在供电合同中规定在一定时间内停电的允许次数和停电持续时间上限。在合同规定范围内用户可拒绝停电,但要缴纳规定的罚金。签了可停电服务合同的用户由于享有电价折扣而获得实惠。

2)需量合同:需量合同把用户的电力需求限制在预定的上限内,而作为条件,供电部门向需方提供电价折扣优惠。施行需量合同时,用户要装设电力定量器。当用户用电接近规定电量时,装置会报警。越限后可以跳闸,或计时加价。

3)负荷直接控制:负荷直接控制是针对一些可交替切断和接入的用电负荷设计的,如热水器、空调器。其方式类似于可停电服务。

此外,还有分块电价、非峰值电价等电价制度,不再阐述。

要点、复习、思考

第 1 章　绪　论

1. 配电网有哪些特点？从配电网自动化的角度看，为何将配电网的结构复杂、数据量大视为重要特点？

2. 在电力系统中，怎样划分 DMS、EMS 的功能区域？它们的功能有哪些异同点？

3. DAS 与 DMS 是否指同一功能系统？

4. 熟悉 DAS 的基本功能及结构。

5. 怎样用功能子过程说明 DAS 的功能？有哪些子过程？

6. 了解实施 DMS 后取得的效益。

7. 实施 DAS 的困难是什么？是否不能解决？

8. 了解在配电网中引进电力电子技术的原因及可能性。

9. 了解 DAS 发展趋势，这些趋势你认为是否恰当、合理？在我国如何看待这些趋势？

第 2 章　配电网的通信系统及远动信息传输原理概论

1. 了解通信系统在配电网中的重要作用。

2. 了解在配电网中有多种通信系统的原因，以及各种通信系统的大致应用范围。

3. SCADA 系统与远动系统是否为同一系统？远动系统有哪些功能？

4. 调度自动化是否就是 SCADA 系统？

5. 什么叫调制、解调？为什么要将原始信号进行调制后，才能实现远距离传送？了解各种调制与解调的基本工作原理。

6. 什么是模拟通信系统？什么是数字通信系统？电力系统中，主要采用哪种通信系统？

7. 了解在配电网中使用的各种通信系统（以媒体介质划分）的基本工作原理。

8. 远动系统如何传输与接收信息。
9. 远动信息传输与电厂或变电站中的远方操作有何本质上的区别?
10. 传送远动信号时,为何要加抗干扰码?
11. 了解可行的检错方法的工作过程。
12. 了解抗干扰编码的编码方法及其检(纠错)码的原理。
13. 为何将监督码又称为冗余码?
14. 熟悉 RTU,MS 的含义、结构、功能。
15. 了解信号的同步传输与异步传输的概念。
16. 了解远动信号传输规约的含义,及配电网中应用哪几种规约?
17. 了解循环式远动的原理、优缺点、帧格式、规约要点。
18. 了解问答式远动的原理、优缺点、帧格式、规约要点。
19. 了解 DNP 规约的特点。
20. 了解乘系数的意义及实现的方法。
21. 了解变送器、传感器的概念与功能。
22. 了解交流采样的特点、实现方法。
23. 当用交流采样方法时,如何确定采样周期?

第 3 章　变电站综合自动化系统

1. 什么是变电站综合自动化? 其内容是什么? 实施综合自动化有何意义?
2. 变电站综合自动化与常规的变电站微机监控系统的区别是什么?
3. 变电站综合自动化有哪些基本功能?
4. 分析单纯的微机保护与变电站综合自动化系统中的微机保护的异同点。
5. 变电站中,有哪些重要的模拟被测量、开关量及数字量?
6. 了解配电网中电压、无功调控的重要意义及在变电站中进行调控的原理。
7. 熟悉变电站中电压无功调控的实用方法,即如何按九域图调控电压与无功;以及调控的原则。
8. 什么叫状态检修? 在综合自动化中为何可以加入这一功能?
9. 何谓分布式结构? 变电站综合自动化系统为何采用这种结构? 分布式结构又可分为哪些形式?
10. 变电站中,主站、子站的含义的什么?
11. 设置保护通信处理器的作用是什么? 它有哪些功能?
12. 实施变电站综合自动化后,可以不装设专门的 RTU,RTU 的功能又如何体现?
13. 了解变电站中通信网络的功能。
14. 了解各种通信网络结构的优缺点。
15. 了解光纤网通信的原理。
16. 了解现场总线的功能、优点和通信工作方式。
17. 了解 CSMA/CD 技术的含意、工作过程。

18. 了解 Token 技术的含意、工作过程。

19. 了解局域网的工作方式及应用范围。

第4章 馈电线自动化

1. 了解馈电线自动化的内容、特征。

2. 了解 FTU,TTU 的功能、类型、结构、电源及通信方式。

3. 熟悉重合器的含意、功能、动作特性及其使用。

4. 了解分段器的含意、功能及分类。

5. 熟悉分段器使用的基本原则。

6. 了解自动配电开关(电压—时间型分段器)的含意、功能、结构。

7. 熟悉自动配电开关的时间特性。

8. 了解重合器与电流型分段器组成的故障定位、隔离与恢复供电系统的组成及工作过程、特点。

9. 了解重合器与自动配电开关组成的故障定位、隔离与恢复供电系统的组成及工作过程、特点。

10. 了解带重合闸的断路器组成的故障处理系统的保护配合原则及工作过程。

11. 了解基于 FTU 与断路器配合的故障处理系统的工作过程。

12. 比较用作故障处理的上述诸方法的优缺点。

13. 了解配电网中单相接地故障选相工作原理及单相接地故障处理方法的特点。

14. 了解工频负荷控制系统工作原理。

15. 了解音频负荷控制系统工作原理。

16. 了解无线电负荷控制系统工作原理。

17. 了解配电线载波负荷控制系统工作原理。

第5章 用户电力技术概论

1. 了解柔性输电技术、用户电力技术的意义。

2. 目前配电网中,应用常规技术有哪些仍难以解决的问题? 为什么应用电力电子技术则可以解决这些技术问题?

3. 当今可行的 DFACTS 技术有哪些?

4. 了解 SSB 工作原理及功用。

5. 了解 SVG(或称 STATCOM)工作原理及功用。

6. 了解 DVR 工作原理及功用。

7. 了解用户电力控制器工作原理及功用。

8. 了解有源电力滤波器功用、分类及工作原理。

9. 了解几种 DFACTS 技术配合应用的概念。

第6章　配电管理系统

1. 了解DMS的意义及其与配电网的联系以及该系统的功能结构。

2. 了解DMS与地区调度自动化的关系，以及与其他管理系统的关系。

3. 了解配电网地理信息系统的功用、组成。

4. 了解配电网地理信息系统中GIS的定义、基本结构、空间图形的数据结构表示方法。

5. 了解配电网地理信息系统在DMS中进行数据交换的关系，以及该系统的在线应用与离线应用范围。

6. 了解配电网中主要应用软件的组成与相互关系。

7. 了解配电网网络建模的用途及其特点。

8. 了解网络结线分析的用途。

9. 了解配电网潮流分析及计算与输电系统的潮流分析及计算的区别、程序特点，基本计算方法的概念。

10. 了解配电网状态估计的作用。

11. 了解配电网负荷预测的功用。

12. 了解配电网中电压/无功优化调度的意义、内容。

13. 了解配电网中电压/无功优化调控原理及数学模型应该包含哪些条件及其基本形式。

14. 了解馈电线、变电站及配电网地区调度的电压/无功调控的相互关系，并做归结。

15. 了解网络重构的概念及重要意义。

16. 了解网络重构的基本算法及过程。

17. 了解配电系统操作培训模拟系统的功用、仿真内容。

18. 了解负荷管理的主要功能、方法。

19. 了解远方自动抄表系统的功能及系统的组成。

20. 了解远方自动抄表系统中各部件的作用。

第7章　需方用电管理概论

1. 了解需方用电管理与（前述）负荷管理的区别与关系。

2. 了解DSM的目的、方法与措施。

3. 在DSM中，鼓励用户节电等措施，是否会影响电力部门的经济效益。

4. DSM中提出的政策性措施为什么一定要有技术支撑？

5. 了解电力托送的概念。

6. 较具体地分析负荷控制、远方抄表与DSM的关系。

7. 了解用户信息系统的功用与组成。

8. 了解电价政策在DSM中的作用。

9. 目前，有哪些可行的电价政策？内容是什么？

参考文献

[1] 郝正航. 基于 UPFC 模型的 Cuspow 控制装置的研究. 贵工大硕士研究生论文,2000.
[2] 彭小俊. 基于 SPWM 的 D-STATCOM 的设计. 贵工大硕士研究生论文,2003.
[3] 张彦魁. 配电系统的网络重构算法研究. 贵工大硕士研究生论文,1998.
[4] 熊炜. 配电管理系统的潮流计算及线损计算研究. 贵工大硕士研究生论文,1997.
[5] 周竹. 基于改进遗传算法实现电网电压无功优化控制. 贵工大硕士研究生论文,1997
[6] 陈堂,赵祖康,等. 配电系统及其自动化系统. 北京:中国电力出版社,2003.
[7] 孟祥忠,王玉彬,等. 变电站微机监控与保护技术. 北京:中国电力出版社,2004.
[8] 刘健,倪建立. 配电网自动化新技术. 北京:中国水利水电出版社,2004.